普通高等教育"十三五"规划教材

数学实验教程

Introduction to Mathematic Experiments

王宏洲 李学文 闫桂峰 李炳照 ◎ 编著

北京理工大学出版社
BEIJING INSTITUTE OF TECHNOLOGY PRESS

内 容 简 介

本书主要介绍如何通过 MATLAB 等数学软件工具，验证各种数学理论、概念及其特性，快速输出公式计算、数值计算的结果，并以直观的图形形式展现出来，从而帮助学习者深入认识和理解数学理论和方法。

全书共分 5 章：第 1 章简单介绍 MATLAB 的基本操作；第 2 章介绍与微积分、常微分方程等有关的一些数学实验；第 3 章介绍线性代数中的常见运算实验；第 4 章介绍一系列涉及概率论与统计学的实验；第 5 章介绍常见的最优化问题、解法和数值求解实验。

本书可供选修北京理工大学制作的在线开放课程"数学实验"的同学作为教材使用，也可作为高等数学、线性代数、概率与统计、最优化方法等大学基础数学课程教学的辅助教材。由于本书主要介绍如何用 MATLAB 来验证数学理论及其运算规则，因此基本不涉及 MATLAB 的编程技巧，学习者只需要掌握基本的命令和编程语言即可。

图书在版编目（CIP）数据

数学实验教程/王宏洲等编著. —北京：北京理工大学出版社，2019.1
ISBN 978 - 7 - 5682 - 6611 - 6

Ⅰ. ①数… Ⅱ. ①王… Ⅲ. ①高等数学–实验–高等学校–教材 Ⅳ. ①O13 - 33

中国版本图书馆 CIP 数据核字（2019）第 005775 号

出版发行 / 北京理工大学出版社有限责任公司
社　　址 / 北京市海淀区中关村南大街 5 号
邮　　编 / 100081
电　　话 / (010) 68914775（总编室）
　　　　　 (010) 82562903（教材售后服务热线）
　　　　　 (010) 68948351（其他图书服务热线）
网　　址 / http：// www.bitpress.com.cn
经　　销 / 全国各地新华书店
印　　刷 / 三河市华骏印务包装有限公司
开　　本 / 787 毫米 × 1092 毫米　1/16
印　　张 / 10.75
字　　数 / 260 千字
版　　次 / 2019 年 1 月第 1 版　　2019 年 1 月第 1 次印刷
定　　价 / 32.00 元

责任编辑 / 王美丽
文案编辑 / 孟祥雪
责任校对 / 周瑞红
责任印制 / 李志强

在信息技术飞速发展的今天，我们经常听到人们对高校教学内容和方式、方法的质疑。比如，在计算机能够解决绝大多数计算问题的情况下，高校的基础数学课程还有没有必要在解题方法和技巧上花费大量时间？对于这样的问题，我们既需要从高等教育的固有规律出发坚持某些做法，也需要从现实需要的角度出发做一些改变。

从高校基础数学课程的教学来看，教学内容中蕴含的数学思想、基础理论、基本运算规则在任何时候都是不可或缺的。与此同时，在各行各业都越来越依赖计算机软件解决问题的情况下，适当在基础课教学中引入一定的软件求解、编程计算等内容，无疑更有利于培养大学生的综合能力。这也是国内开展数学实验课程教学探索的一个重要目的。

在近20年，围绕数学实验的教学内容和教学方法，国内积累了大量实践经验。一般来说，各个高校都认为数学实验教学不仅可以通过计算机和数学软件，让学生自己动手，切身体会所学数学知识的基本原理和各种变化，而且可以有力地支持数学建模教学、竞赛活动。

本书的主要作用是辅助高等数学、线性代数、概率和统计、最优化方法等大学数学主干课程教学，通过介绍相关的 MATLAB 命令、算法和程序等，使大学生可以在理论学习之余，初步具备软件求解、编程计算等基本能力。对于上述数学基础课的教师而言，可以在课堂教学过程中同步使用本教材，要求学生用数学软件来了解有关定义、定理、例题在不同情形下的特点，从而达到举一反三的效果。相关的内容无须占用课堂时间来讲解，学生可以在中国大学MOOC 网站（https：//www.icourse163.org/）上注册并搜索"数学实验（北京理工大学）"，通过我们制作的同步在线开放课程来自学。

此外，书中还以例题的形式引入了大量数学建模案例，有意参加数学建模竞赛的同学可以借此学习数学建模的基本思路和软件求解方法。

本书共分5章：第1章简单介绍 MATLAB 的基本操作；第2章介绍与微积分、常微分方程等有关的一些数学实验；第3章介绍线性代数中的常见运算实验；第4章介绍一系列涉及概率论与统计学的实验；第5章介绍常见的最优化问题、解法和数值求解实验。其中，第1章、第2章前7节、第4章前5节由王宏洲编写，第2章后8节、第5章由李学文编写，第3章由闫桂峰编写，第4章后5节由李炳照编写。

编　者

目　录

CONTENTS

第 1 章

MATLAB 简介

1.1 关于 MATLAB 软件

MATLAB 是美国 MathWorks 公司推出的数学软件，可以用来进行算法开发、数据可视化、数据分析以及数值计算。MATLAB 将数据分析、矩阵计算、科学数据可视化以及非线性动态系统的建模和仿真等诸多功能集成在一个易于使用的视窗环境中，有效简化了编程的复杂性。实际上，用户只需简单地列出数学表达式，其结果就以数值或图形方式显示出来。

要获得 MATLAB 软件，只需登录 MathWorks 的官方网站“https://cn.mathworks.com/”，在网页上找到“获取免费试用版”链接，如图 1－1 所示。

获取MATLAB及Simulink产品的试用版

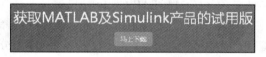

图 1－1

按照提示，依次填写个人信息，即可在 30 天内免费试用最新版本的 MATLAB 软件。

MATLAB 的用户界面很友好，启动之后会自动创建命令行窗口（Command Window），如图 1－2 所示。

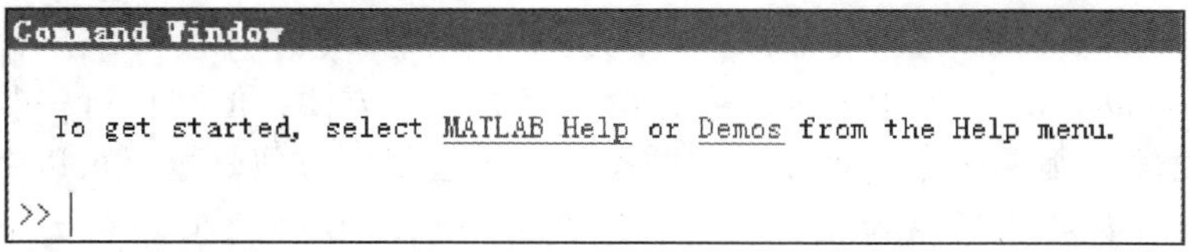
Command Window
To get started, select MATLAB Help or Demos from the Help menu.
>>

图 1－2

大多数计算、绘图任务，直接在 Command Window 中的提示符“ >> ”后面输入命令即可完成。

比如在“ >> ”后面直接输入运算公式：

```
>> (2*100-34/5)/2*100
```

按回车键即可得到结果：

```
ans =
9660
```

曾经输入过的指令，如果需要再次使用，可以直接单击方向键"↑"或"↓"，">>"符号后面就会出现此前输入过的指令。输入指令后，Command Window 可能会长时间没有反馈结果，这时可以使用 Ctrl + C 快捷键来中止指令的执行。

在进行数学实验时，经常需要定义各种各样的参变量。MATLAB 对变量的命名有特定的规则，需要特别注意的有以下 4 点：

（1）变量名必须是不含空格和标点符号的字符组合，像 x、y、x23、density3 都是合理的变量名，而 x + 3、y：x 都不符合命名规则。

（2）必须以字母打头，之后可以是字母、数字或下划线，像 d123、data_ 234 都是允许的。

（3）变量名区分字母的大小写，即 x 与 X、Cat12 与 cat12 被视为不同的变量。

（4）变量名最多不超过 19 个字符。

需要注意，在完成一部分运算后，如果准备重新为某些变量赋值，必须先清除此前的变量定义。具体做法是在 Command Window 下输入 clear 并按回车键，即可将此前定义的所有变量全部清除，所有变量、字符都可以重新定义。

MATLAB 中的数学运算符号多数符合人们日常的习惯用法，比如：

（1）加减乘除：+，–，*，/。

（2）两个同型矩阵对应位置元素相乘：.*。

（3）乘幂：^，比如 3^2，表示 3 的平方。

更多的运算符号可参见有关介绍 MATLAB 的书籍。

在 MATLAB 的指令中，要特别注意正确使用标点符号。每条命令后若没有标点符号或者有一个逗号，按回车键就会直接显示命令的结果。若命令后为分号，则不会显示命令结果，可以继续输入其他命令。在编写程序代码时，以"%"打头的命令行，后面所有文字均为注释。

MATLAB 中定义了大量的数学函数，但是其记号和表示规则与数学教材上略有不同。比如反三角函数 $\arcsin x$、$\arccos x$ 在 MATLAB 中的记号为 $\mathrm{asin}(x)$、$\mathrm{acos}(x)$，$\ln x$ 的记号为 $\log(x)$。具体的信息可查阅 MATLAB 的有关介绍性书籍，或者查阅在线帮助 helpwin 中 MATLAB \ elfun 或 help elfun。

虽然在 Command Window 中输入命令、调用函数比较方便，但在执行一些比较复杂的运算时，可能需要输入很多命令，重复执行同类运算时会很不方便。这时可以考虑将计算过程编写成一个程序，保存为后缀为 m 的文件，这就是 MATLAB 中的 M 文件。重复执行同类运算时，直接调用这个新函数即可。

根据调用方式的不同，MATLAB 中的 M 文件可以分为命令脚本文件（Script File）和函数文件（Function File）两类。更早的 MATLAB 版本只有一种 M 文件（M – file）。函数形式的 M 文件的第一行必须以 function 开始。具体格式为：

$$\text{function 因变量名 = 函数名（自变量）}$$

比如打开程序编辑窗口，输入如下代码：

```
function f = new (x)
f = x –1 + (x –1) ^2 + (x –1) ^3
```

然后保存为 new. m。随后就可以在 Command Window 中直接调用，比如输入：

```
>> x = 4;
>> new (x)
```

即可获得 $f(4)$ 的函数值。

　　在初步了解了 MATLAB 软件之后，注意经常复习常见的运算命令和函数，为后续数学实验内容的学习打好基础。本章接下来会更详细地介绍数学实验中需要用到的 MATLAB 功能和命令。

1.2　MATLAB 中的数组及其运算

　　现代科学计算都基于多维空间，因此 MATLAB 中的数值计算都是以向量或矩阵的形式来定义的。需要注意的是，MATLAB 中定义的数组（向量）运算，无论是运算符号还是运算规则，都与我们熟悉的线性代数中的定义有一定差异。

　　MATLAB 中数组（向量）和矩阵的定义非常简便，比如在命令窗口输入：

$$x = [1\ 2\ 3\ 4\ 5\ 6]$$

或

$$x = [1,\ 2,\ 3,\ 4,\ 5,\ 6]$$

即可定义一个 6 维行向量或 1×6 的矩阵。输入命令：

$$x = [1\ 2\ 3;\ 4\ 5\ 6;\ 7\ 8\ 9]$$

得到的是一个 3×3 的矩阵，括号内的"；"表示分行。

　　MATLAB 中可以定义多种形式的数组（向量）。设 $m < n$，命令如表 1 – 1 所示，

表 1 –1

命令	将 x 定义为数组
x = m：n	$(m,\ m+1,\ m+2,\ \cdots,\ n)$
x = m：k：n	$(m,\ m+k,\ m+2k,\ \cdots,\ n)$
x = linspace (m, n, k)	$(m,\ m+(n-m)/k,\ m+2(n-m)/k,\ \cdots,\ m+(k-1)(n-m)/k,\ n)$

其中，linspace (m, n, k) 是将 [m, n] 进行 k 等分，取其端点。

　　上面介绍的都是如何定义行向量，要定义列向量可以用命令：

$$x = [1;\ 2;\ 3;\ 4;\ 5]$$

　　如果已有行向量 $\boldsymbol{x}$，则可以对其转置获得列向量，转置命令为：

$$y = x'$$

　　在 MATLAB 中，数组与数字之间可以定义加减乘除。比如设 X = [a, b, c, d, e]，q 为标量，则有如下计算规则：

$$X + q = [a+q,\ b+q,\ c+q,\ d+q,\ e+q]$$
$$X * q = [a*q,\ b*q,\ c*q,\ d*q,\ e*q]$$
$$X/q = [a/q,\ b/q,\ c/q,\ d/q,\ e/q]$$
$$X. \backslash q = [q/a,\ q/b,\ q/c,\ q/d,\ q/e]$$

务必要特别注意上述代码的差异，很多编程错误都缘于这些基本的运算符号输入有误。

设 X = [a, b, c, d, e], q 为标量，数组的幂运算代码及其计算规则为

$$X.^q = [a^q, b^q, c^q, d^q, e^q]$$
$$q.^X = [q^a, q^b, q^c, q^d, q^e]$$

设 X = [a, b, c, d], Y = [e, f, g, h], 则 MATLAB 定义的数组之间的运算规则如下：

$$X + Y = [a+e, b+f, c+g, d+h]$$
$$X. * Y = [a*e, b*f, c*g, d*h]$$
$$X. /Y = [a/e, b/f, c/g, d/h]$$
$$X. \setminus Y = [e/a, f/b, g/c, h/d]$$
$$X.^Y = [a^e, b^f, c^g, d^h]$$

显然，MATLAB 中定义的数组（向量）运算种类比线性代数课程中的要多，尤其要注意其中向量点乘 X. * Y、向量点除 X. /Y 和 X. \ Y 以及向量指数运算 X. ^ Y 的正确代码和意义。

1.3　MATLAB 中的矩阵及其运算

MATLAB 中的很多运算都会涉及矩阵，因此需要对 MATLAB 中关于矩阵的定义方式、特殊矩阵的生成、运算代码等有详细的了解。

首先，在输入矩阵时，注意用逗号或空格来区分同一行的不同数字，用分号来区分不同的行。一行输入完毕后，也可以按回车键来开始新的一行。

```
>> a = [1 2 3 4;5, 6, 7, 8]

a =

    1    2    3    4
    5    6    7    8
```

需要注意的是，输入矩阵时，所有的行都必须有相同数量的元素。

```
>> b = [1 2 3 4
5 6 7 8
1, 2, 2, 2]

b =

    1    2    3    4
    5    6    7    8
    1    2    2    2
```

对于零矩阵、单位矩阵等一些特殊的矩阵，可以由 MATLAB 自动生成。比如生成 $m \times n$ 阶零矩阵可以使用命令 A = eye (m, n)。

```
>>   A = eye (2, 4)

A =

     1        0        0        0
     0        1        0        0
```

生成 $m \times n$ 阶单位矩阵可以使用命令 B = zeros (m，n)。

```
>>   B = zeros (2, 4)

B =

     0        0        0        0
     0        0        0        0
```

我们知道，矩阵就是数据表格，有时可能需要提取其中的部分数据，或者对数据表格进行切割、合并等操作，这些都可以借助一些 MATLAB 命令迅速生成相应的结果。提取矩阵中属于第 i 行到第 j 行、第 m 列到第 n 列的部分元素组成新的矩阵，可以用命令 A (i：j，m：n)。

```
A   =

     1        0        0        0        0
     0        1        0        0        0
     0        0        1        0        0


>> A (1：2, 2：3)

ans =

     0        0
     1        0
```

删去矩阵中的部分行，剩余元素构成新的矩阵可以用命令 A (i：j,:)。删去部分列，剩余元素构成新的矩阵可以用命令 A (:，m：n)。

```
A =

     1        0        0        0        0
     0        1        0        0        0
     0        0        1        0        0


>> A (1：2,:)

ans =
```

```
       1        0        0        0        0
       0        1        0        0        0

>>A (:, 2: 3)

ans =

       0        0
       1        0
       0        1
```

将 **A** 和 **B** 两个矩阵合并为一个矩阵，可以用 [A B] 和 [A；B] 命令，前者表示 **A** 在左而 **B** 在右，后者表示 **A** 在上而 **B** 在下。

```
>> A = [1, 2; 3, 4]; B = [1, 0; 0, 1];
>> [A B]

ans =

       1        2        1        0
       3        4        0        1

>> [A; B]

ans =
       1        2
       3        4
       1        0
       0        1
```

此外，线性代数课程中讲过的矩阵运算也可以很方便地实现。比如两个同型矩阵 **A** 和 **B** 相加，可以用 A + B 命令，两个矩阵相乘可以用 A * B 命令。常见的矩阵运算命令如表 1 −2 所示。

表 1 −2

命令	运算规则
A + B	两个同型矩阵 **A** 和 **B** 相加
A * B	矩阵 **A**、**B** 相乘
inv （A）	求矩阵 **A** 的逆矩阵
det （A）	求矩阵 **A** 的行列式
A/B	已知矩阵 **A**、**B**，求 **X** * **B** = **A** 的解 **X**
A \ B	已知矩阵 **A**、**B**，求 **A** * **X** = **B** 的解 **X**

矩阵运算在科学与工程计算中很常见，在本书后续的线性代数部分会介绍更多的矩阵运算。

1.4　循环和判断语句

在完成一些比较复杂的运算时，往往需要用到循环和分支等逻辑语言结构，这就是 MATLAB 中的控制流结构。MATLAB 提供了 for 循环、while 循环等循环语句，以及逻辑判断结构 if – else – end 等。

首先介绍 for 循环。for 循环用于让某个语句或一组语句被重复执行指定次数。比如对 1 到 50 之间的数字求和，可以使用如下循环语句实现：

```
>> clear
>> s = 0;
>> for i = 1: 50;
s = s + i;
end
>> s


s =


    1275
```

在上面的代码中，首先为变量 s 赋予初始值 0，每次增量为 1，循环 50 次，输出结果就是 1 到 50 之间的数字之和。

再比如计算 $n = 1，2，3，4，5$ 时的 $\sin(\pi/n)$ 值，输入如下代码：

```
>> for n = 1: 5;
x (n) = sin (pi /n);
end
```

即可算出所有结果。如果需要输出单个计算结果，输入命令 x (n) 即可，n 为 1 至 5 中的某个数字，比如求 x (2)：

```
>> x (2)


ans =


    1
```

也可以输出全部计算结果，输入命令 x，然后按回车键即可。

```
>> x


x =


    0.0000    1.0000    0.8660    0.7071    0.5878
```

接下来介绍 while 循环。前面介绍的 for 循环是让某个或一组语句执行指定次数，如果需要设定一个更宽泛的结束循环的条件，则可以选择 while 循环。比如，某国现有人口 4.5 亿人，年增长 3%，什么时候会达到 5 亿人？输入如下代码：

```
>> m = 4.5;
>> t = 0;
>> while m < 5
t = t + 1
m = m * (1 + 0.03)
end
```

输出结果为：$t = 1$ 时 $m = 4.635\,0$，$t = 2$ 时 $m = 4.774\,0$，$t = 3$ 时 $m = 4.917\,3$，$t = 4$ 时 $m = 5.064\,8$。因此，4 年后人口会达到 5 亿人。

很多编程语言中都存在类似"如果某个条件满足，则执行某个指令"的逻辑判断 – 执行语句，MATLAB 中也有类似的结构，这就是 if – end 结构。比如，在定义分段函数时，就可以运用 if – end 结构。

对于如下分段函数：

$$f(x) = \begin{cases} 2x + \sin x, & x < 0, \\ e^x - 1, & x \geqslant 0。 \end{cases}$$

求其在定义域内任何一点的函数值，我们可以建立如下的 M 文件，并将其命名为 fdhs. m：

```
function f = fdhs (x)
if x < 0
    f = 2 * x + sin (x)
end
if x > = 0
    f = exp (x) - 1
end
```

计算 $f\left(-\dfrac{\pi}{2}\right)$ 和 $f(0)$，可以在命令窗口输入 fdhs（– pi/2），得到 ans = – 4.141 6；输入 fdhs（0），得到 ans = 0。

如果选项比较多，则可以用多个 if – end 语句覆盖全部选项。如果函数只有两个选项，则可以采用 if – else – end 结构：

```
function f = fdhs (x)
if x < 0
    f = 2 * x + sin (x)
else
    f = exp (x) - 1
end
```

选项较多时，也可以使用 if – elseif – elseif – end 结构。比如对于分段函数：

$$f(x) = \begin{cases} -1, & x < -1, \\ 0, & x \in [-1, 1], \\ 1, & x > 1。 \end{cases}$$

可以反复使用 if – end 语句：

```
function f = fdhs (x)
if x < -1
    f = -1
end
if x > = -1&x < =1
    f = 0
end
if x >1
    f = 1
end
```

也可以运用 if – elseif – elseif – end 语句：

```
function f = fdhs (x)
if x < -1
    f = -1
elseif x > = -1&x < =1
    f = 0
elseif x >1
    f = 1
end
```

两种语句输出的结果完全一致，后者需要输入的代码会少一些。

MATLAB 中还有其他控制流结构，在面对不同问题时各有各的优势，这里不再赘述。

1.5　MATLAB 中的函数绘图（1）

绘制函数的图像，可以帮助我们更为直观地了解函数的各种性态。MATLAB 中提供了强大的绘图功能，因此 MATLAB 也是科学研究中常用的绘图工具。

如果没有什么特殊要求，对于形如 $y = f(x)$ 这样的一般函数，可以直接用命令 plot (x，y，'S') 来绘图，其中 x、y 表示横坐标、纵坐标，'S'表示绘图时用的线型——不同颜色的实线、虚线等。

需要注意的是，用 MATLAB 绘图先要得到满足函数的一系列点的坐标，然后将该点集的横坐标、纵坐标分别赋予 x 和 y，因此命令中的 x 和 y 都是向量，在输入函数关系 $y=f(x)$ 时注意使用向量的运算符号。

比如要绘制 $y = \sin x$ 在区间 $[0, 2\pi]$ 上的图形，输入命令：

```
>> x = [0: 0.01: 2 * pi];
>> y = sin (x);
>> plot (x, y)
```

可以得到图 1 – 3 所示图形。

也可以输入如下命令：

```
>> x = [0: 0.01: 1];
>> y = sin (2 * pi * x);
>> plot (x, y, '- -')
```

输出结果如图 1 - 4 所示。

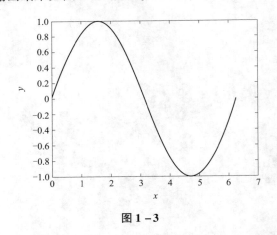

图 1 - 3

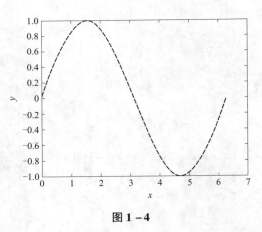

图 1 - 4

我们也可以将多个函数图形画在一张图上，并用不同线型做区分。比如

```
>> x = [0: 0.01: 2 * pi];
>> h = sin (x + pi/4);
>> z = sin (x + pi/6);
>> y = sin (x);
>> plot (x, y, 'o', x, z, '- -', x, h)
```

其意义为在同一张图上绘制 $h = \sin\left(x + \dfrac{\pi}{4}\right)$，

$z = \sin\left(x + \dfrac{\pi}{6}\right)$ 和 $y = \sin x$ 三个函数在 $[0, 2\pi]$

上的曲线图。其中，第一个函数用实线，第二个函数用虚线，第三个函数用 "○" 连线。输出结果如图 1 - 5 所示。

更多的线型和颜色代码，参见 MATLAB 参考书。

plot 命令使用非常简便，不过不能用于绘制隐函数、参数方程形式的函数图像，这时可以用符号函数绘图命令 ezplot，如表 1 - 3 所示。

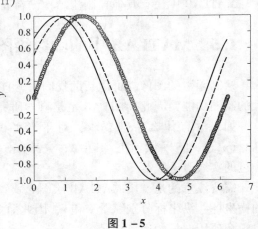

图 1 - 5

表 1 - 3

命令	输出结果
ezplot ('f(x) ', [a, b])	绘制 $y = f(x)$ 在 $[a, b]$ 上的图像
ezplot ('f (x, y) ', [a, b, c, d])	绘制隐函数 $f(x, y) = 0$ 在 $x \in [a, b]$ 且 $y \in [c, d]$ 上的图像
ezplot ('x (t) ', 'y (t) ', [a, b])	绘制参数方程形式函数 $(x(t), y(t))$ 在 $t \in [a, b]$ 上的图像

比如要绘制 $y = \sin\dfrac{1}{x}$ 在 $\left[\dfrac{1}{\pi},\ 2\right]$ 上的函数图像，可以用如下命令：

>>ezplot ('sin (1/x)', [1/pi, 2])

输出结果如图 1-6 所示。

绘制隐函数 $x^2 + y^3 = 1$ 在 $[-10,\ 10] \times [-10,\ 10]$ 上的图像，可以用命令：

>>ezplot ('x. ^2 +y. ^3 -1', [-10, 10, -10, 10])

输出结果如图 1-7 所示。

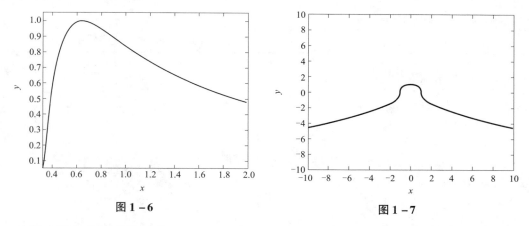

图 1-6　　　　　　　　　　　　　图 1-7

绘制参数方程形式的函数 $x = 3\sin t - t$，$y = 4\cos t + t$ 在 $t \in [-3,\ 3]$ 上的函数图像，可以输入命令：

>>ezplot ('3 * sin (t) -t', '4 * cos (t) +t', [-3, 3])

输出结果如图 1-8 所示。

如果在 M 文件中自定义了一个函数，可以用 fplot 命令绘制其图像。比如编写名为 myfun. m 的 M 文件：

function y =myfun (x)
y =x. ^3 +cos (2 * x +1)

保存 myfun. m 文件之后，在命令窗口下输入命令：

>>fplot ('myfun', [0, 2])

即可得到函数在区间 [0, 2] 上的图像，如图 1-9 所示。

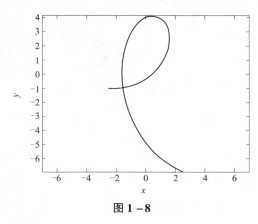
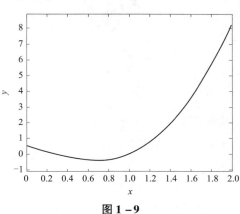

图 1-8　　　　　　　　　　　　　图 1-9

如果需要在图像中添加标注，比如对各个坐标轴添加标注、在图形顶端添加标注等，则可以使用标注命令，如表 1-4 所示。

表 1-4

图像标注命令	标注效果
xlabel ('文字标注')	在当前图形 x 轴上添加 "文字标注"
ylabel ('文字标注')	在当前图形 y 轴上添加 "文字标注"
zlabel ('文字标注')	在当前图形 z 轴上添加 "文字标注"
title ('文字标注')	在当前图形的上端添加 "文字标注"

比如输入如下命令：

```
>> x = [0: 0.01: 2 * pi];
>> y = sin (10 * x);
>> plot (x, y)
```

输出结果为没有任何标注的函数图像，接着输入如下命令：

```
>> xlabel ('自变量 x')
>> ylabel ('因变量 y')
>> title ('y = sin (10x) 的图像')
```

则得到添加标注后的图像，如图 1-10 所示。

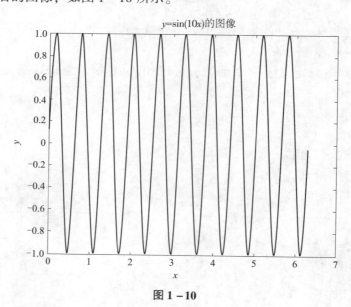

图 1-10

如果对曲线、曲面、点做标注，则可以使用 gtext 命令：

```
>> x = [0: 0.01: 2 * pi];
>> y = sin (10 * x);          % 定义函数
>> plot (x, y)                % 绘制函数图像
>> gtext ('y = sin (10x) ')   % 为图像添加函数表达式
```

输入命令后，图上出现一个随鼠标移动的十字光标，如图 1 – 11 所示，移动光标到合适位置并单击左键，标注内容"y = sin（10x）"就被放置在此处。

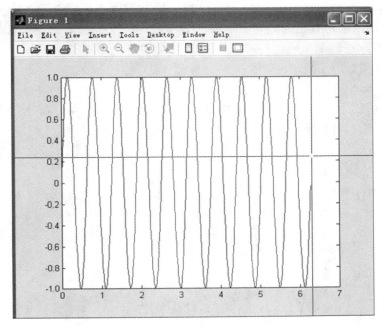

图 1 – 11

MATLAB 绘制的函数图像默认不显示网格线，如果需要显示网格线，则可以输入命令 grid on：

```
>> x = [0：0.01：2 * pi];
>> y = sin（10 * x）;            % 定义函数
>> plot（x, y）                  % 绘制函数图像
>> grid on                      % 显示网格线
```

输出结果如图 1 – 12 所示。

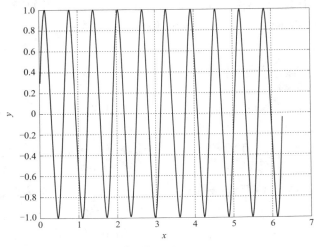

图 1 – 12

要消除图中的网格线，直接输入 grid off 即可。

如果对 MATLAB 自动生成的图像坐标系不满意，则可以自由调整坐标系的显示区域。命令格式为 axis（[x1, x2, y1, y2, z1, z2]），即只显示 $x \in [x1, x2]$，$y \in [y1, y2]$，$z \in [z1, z2]$ 范围内的函数图像。

```
>> x = [0 : 0.01 : 2 * pi];
>> y = sin (10 * x);
>> plot (x, y)
>> axis ( [1, 2, -1, 0])        % 显示 x ∈ [1, 2]，y ∈ [-1, 0] 范围内的函数图像
```

输出结果如图 1-13 所示。

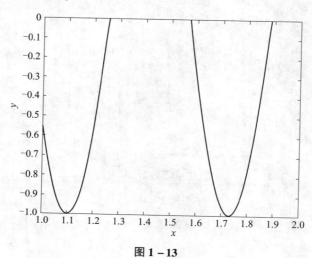

图 1-13

如果对结果不满意，输入 axis auto 即可恢复缺省设置。

为了便于做比较，有时需要将多个图像显示在一张图上，MATLAB 的分割图像窗口功能可以实现这一目标。命令格式为 subplot（m, n, k），表示将图像窗口分成 $m \times n$ 块，并激活其中的第 k 块，随后输入的所有图形调整命令都将作用在第 k 块上。如果需要调整其他子窗口，比如第 j 块上的图形，需要输入 subplot（m, n, j），于是随后的所有操作都将作用于第 j 块上。如果输入命令 subplot（1, 1, 1），则图像窗口合并为一。

比如输入如下命令：

```
>> x = [0 : 0.01 : 2 * pi];
>> y = sin (10 * x);                    % 定义函数
>> subplot (2, 2, 1); plot (x, y)       % 分出四个窗口，在第 1 个窗口内绘图
>> subplot (2, 2, 2); plot (x, y)       % 操作转向第 2 个窗口，绘制函数图像
>> axis ( [1, 2, 0, 1])                 % 在第 2 个窗口显示 [1, 2] × [0, 1] 范围
                                          内的图像
>> subplot (2, 2, 3); plot (x, y)       % 操作转向第 3 个窗口，绘制函数图像
>> axis ( [1, 3, -1, 0])                % 在第 3 个窗口显示 [1, 3] × [-1, 0]
                                          范围内的图像
>> subplot (2, 2, 4); plot (x, y)       % 操作转向第 3 个窗口，绘制函数图像
```

```
>> axis ( [0 , 1 , 0 , 1])                    % 在第 4 个窗口显示 [0, 1] × [0, 1] 范
                                                围内的图像
```

输出的结果以及窗口的次序如图 1 - 14 所示。

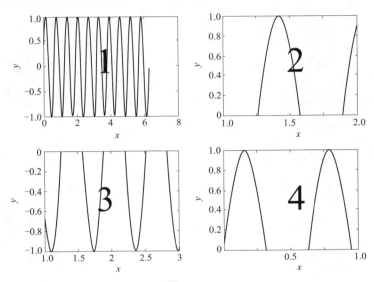

图 1 - 14

MATLAB 的函数绘图功能很多，这里只介绍了一些平面直角坐标下的函数图像绘制操作。下一节会介绍一些更复杂的绘图操作。

1.6　MATLAB 中的函数绘图（2）

在介绍了一元函数的平面绘图之后，下面来介绍如何绘制极坐标下的函数图像，以及参数方程形式的函数、多元函数的图像等。

极坐标系下，函数的表达式通常为 $r = f(\theta)$，绘图的命令为 polar（θ, r, 'S'）。比如要绘制心形曲线 $r = 3 (1 + \cos\theta)$，可以使用如下命令：

```
>> theta = 0 : 0.1 : 2 * pi;
>> r = 3 * (1 + cos (theta));
>> polar (theta, r)
```

输出结果如图 1 - 15 所示。

再比如绘制螺旋曲线 $r = 3 (1 + \theta^2)$，输入如下命令：

```
>> theta = 0 : 0.1 : 4 * pi;
>> r = 3 * (1 + theta . ^2);
>> polar (theta, r)
```

输出结果如图 1 - 16 所示。

三维曲线一般以参数方程的形式来表达，通常表示为 $x = f(t)$，$y = g(t)$，$z = t$。相应的绘图命令为 plot3（x, y, z, 'S'）。比如绘制 $x = \sin t$，$y = \cos t$，$z = t$ 的图形，只需输入如下命令：

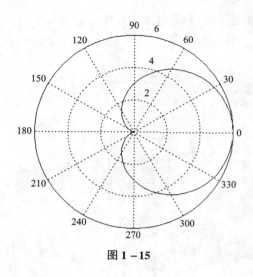

图 1 – 15

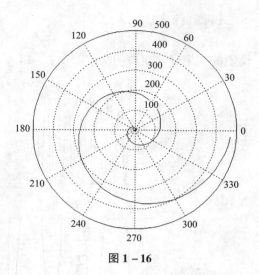

图 1 – 16

```
>> t = 0: 0.1: 4 * pi;
>> x = sin (t);
>> y = cos (t);
>> z = t;
>> plot3 (x, y, z)
```
输出的图像结果如图 1 – 17 所示。

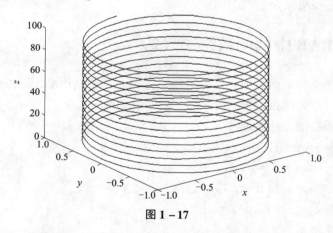

图 1 – 17

有的一元函数中含有参数，如果希望展示参数取不同值时的函数图像，则可以将参数视为另一个变量，用三维绘图命令 plot3 (x, y, z, 'S') 来展示相应的图像。

比如函数 $y = a(\sin x + 4\cos x)$，其中，x 为自变量，a 为参数。要想了解参数 a 取不同值时的函数图像变化，可以将其视为二元函数 $z = x(\sin y + 4\cos y)$，输入如下命令：

```
>> x = -3: 0.1: 3;
>> y = 0: 0.1: 2 * pi;
>> [x, y] = meshgrid (x, y);          %产生一个以向量 x 为行、y 为列的矩阵
>> z = x. * sin (y) + 4 * x. * cos (y);
```

```
>> plot3 (x, y, z)                    %绘制 x 取不同值时，对应的 y-z 曲线
```
输出结果如图 1-18 所示。

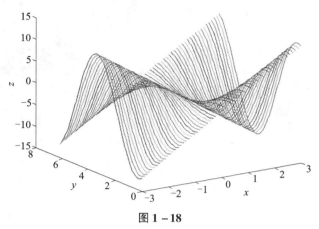

图 1-18

可以看到，x（即原函数中的 a）变化时，函数图像有很明显的不同。

对于形如 $z=f(x, y)$ 的三维曲面，给定 x 和 y 的取值范围，即可用 surf(x, y, z) 命令绘制曲面。比如绘制 $z=x\sin y+4x\cos y$ 图像，可以输入如下命令：

```
>> x = -3: 0.1: 3;
>> y = 0: 0.1: 2 * pi;
>> [x, y] = meshgrid (x, y);
>> z = x. * sin (y) + 4 * x. * cos (y);
>> surf (x, y, z)
```
输出结果如图 1-19 所示。

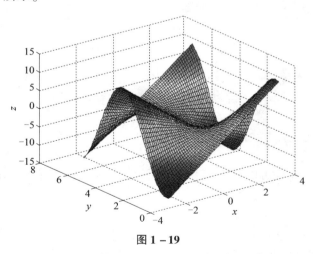

图 1-19

为了让图像看起来更平滑、美观，可以使用命令 shading flat，如将图 1-19 变成如图 1-20 所示更平滑的形式。

MATLAB 中提供的绘图命令还有很多，比如 mesh(x, y, z) 命令可用于绘制二元函数的三维网格图。输入如下命令：

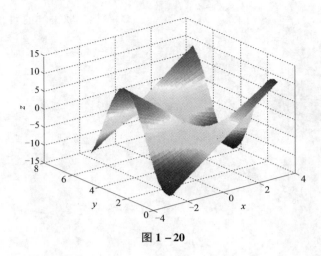

图 1 - 20

```
>> x = -3: 0.1: 3;
>> y = 0: 0.1: 2 * pi;
>> [x, y] = meshgrid (x, y);
>> z = x. * sin (y) + 4 * x. * cos (y);
>> mesh (x, y, z)
```

可以得到函数 $z = x\sin y + 4x\cos y$ 的图像, 如图 1 - 21 所示。

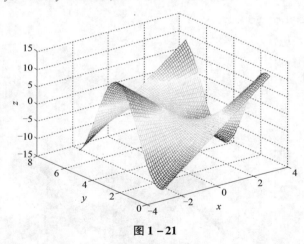

图 1 - 21

meshz (x, y, z) 命令可以绘出带参考平面的三维网格图。输入下面的命令:

```
>> [x, y] = meshgrid ( -2: 0.1: 2);
>> z = x. ^2 + y. ^3;
>> meshz (x, y, z)
```

得到的是 $z = x^2 + y^3$ 带有参考平面的图像, 如图 1 - 22 所示。

用 meshc(x, y, z) 命令可以绘制具有基本等高线的网格图。比如输入:

```
>> [x, y] = meshgrid ( -2: 0.1: 2);
>> z = x. ^2 + y. ^3;
>> meshc (x, y, z)
```

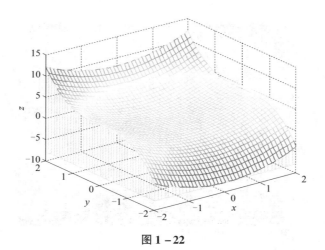

图 1 – 22

得到函数 $z = x^2 + y^3$ 具有等高线的图像，如图 1 – 23 所示。

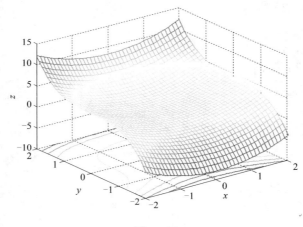

图 1 – 23

绘制具有基本等高线的曲面图也可以用 surfc(x, y, z) 命令。另外，我们还可以用 surface(x, y, z) 绘制函数在 $x – y$ 平面上的投影图，z 值大小以颜色来区分。比如输入如下命令：

```
>> [x, y] =meshgrid (-2: 0.1: 2);
>> z =x. ^2 +y. ^3;
>> surface (x, y, z)
```

输出结果如图 1 – 24 所示。

如果并不掌握函数表达式，只有一组点的坐标，则可以绘制其散点图。这在进行数据分析时非常有用，可以通过绘图了解这些散点的大致走向和特征。

绘制散点图的命令为 plot(x, y, 'k') 或 scatter(x, y, 'k')。假设有一组点 (1, 10)，(2, 30)，(3, 67)，(4, 89)，(5, 130)，输入如下命令：

```
>> x = [1, 2, 3, 4, 5]; y = [10, 30, 67, 89, 130];
>> plot (x, y, 'k')
```

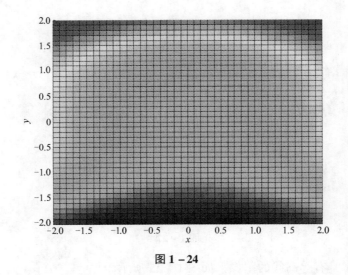

图 1－24

得到的图像如图 1－25 所示。

输入 scatter 命令：

```
>> scatter (x, y, 'k')
```

输出结果如图 1－26 所示。

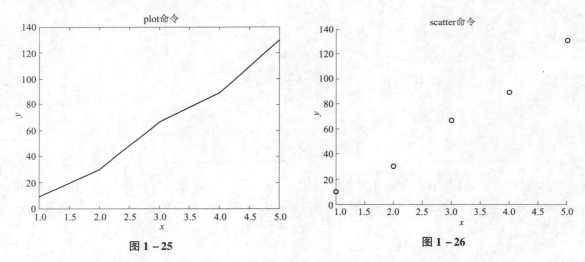

图 1－25　　　　　　　　　　图 1－26

对 MATLAB 的简单介绍到此为止。MATLAB 的功能和使用技巧非常多，可以根据自己的需要，在使用中慢慢学习。从下一章开始，我们将运用 MATLAB 进行各种各样的数学实验。我们会看到，原本抽象的理论推导和公式运算将通过实验展现出令人惊艳的另一面。

习　题　1

1. 如何在 MATLAB 中输入如下形式：

(1) $(1 \quad 2 \quad 3 \quad 4 \quad 5 \quad 6)$；

(2) $(1 \quad 2 \quad 3 \quad 4 \quad 5 \quad 6)^{\mathrm{T}}$；

(3) $\begin{pmatrix} 1 & 2 & 3 & 4 \\ 5 & 6 & 7 & 8 \\ 3 & 4 & 5 & 6 \end{pmatrix}$；

(4) $(1 \quad 4 \quad 7 \quad 10 \quad 13 \quad 16 \quad \cdots \quad 31)$；

(5) 将区间 $[0, 100]$ 进行 30 等分，取其端点按大小次序组成一个向量。

2. 在 MATLAB 中，设 X = [1, 2, 3, 4]，Y = [1, 1, 2, 2]，计算如下结果：

(1) X + 3；(2) X / 2；(3) X. \ 3；(4) X. ^2；(5) 3. ^ X；

(6) X. * Y；(7) X. / Y；(8) X. \ Y；(9) X. ^ Y。

3. 使用什么命令可以对矩阵 $\begin{pmatrix} 1 & 2 & 3 & 4 \\ 5 & 6 & 7 & 8 \\ 3 & 4 & 5 & 6 \end{pmatrix}$ 做如下操作？

(1) 将矩阵第 3 列提取为列向量；

(2) 将第 1 行提取为行向量；

(3) 提取前两行元素组成新矩阵；

(4) 提取第 2、3 两列组成新矩阵；

(5) 提取第 1、2 两行位于第 3、4 列的元素组成新矩阵；

(6) 将矩阵的第 1 行和第 2 列删去，其余元素组成新矩阵。

4. 自行定义一个 4×5 的矩阵，编程求出其最大值及其所处的位置。

5. 编程计算 $\sum\limits_{n=1}^{30} n!$。

6. 分别用向量方式和 for 循环语句计算 $\sum\limits_{k=1}^{50} \dfrac{\sin k}{k^2}$。

7. 一笔企业债券现价 500 万元，年利率 8.1%。投资者希望增至 800 万元时抛售获利，他需要等多长时间？

8. 编写一个 M 文件，使之可以计算

$$f(x) = \begin{cases} 0, x < 0, \\ x e^x, 0 \leqslant x \leqslant 1, \\ e, x > 1 \end{cases}$$

的函数值，并求出 $f(0.45)$。

9. 随意输入一个 5×6 矩阵，编程求出其中最小的元素及其所处位置。

10. 一小球从 10 m 高处自由落下，每次落地后都会跳回原高度的一半并再次落下。求其第 9 次落下时共经过了多少米？第 10 次反弹会有多高？

11. 已知 $e = 1 + \dfrac{1}{1!} + \dfrac{1}{2!} + \cdots + \dfrac{1}{n!} + \cdots$，用这个公式来近似计算的话，$n$ 要取到多大才能使得误差小于万分之一？

12. 绘出 $y = \sin x + \arcsin x$ 的图像。

13. 绘出 $y = \ln \dfrac{\sin x}{x}$，$y = \ln(1 + e^{2x})$ 在 $\left[-\dfrac{\pi}{2}, \dfrac{\pi}{2} \right]$ 上的图像。

14. 在同一坐标系下绘出 $y = x$，$y = \sqrt[3]{x}$，$y = x^3$ 在 $[-10, 10]$ 上的图像。

15. 绘出函数 $y = -x^3 + 5x^2 - 3x + 10$ 的图像，并根据图像判断其单调区间和极值点。

16. 画出参数方程 $x = 6t^3$，$y = 7t^5$ 的图像。

17. 画出参数方程 $x = 4\cos t$，$y = 5\sin t$，$z = 6t$ 的图像。

18. 画出 $y = 1 + \ln(x + 2)$ 及其反函数的图像。

19. 画出阿基米德曲线 $r = a\varphi$，$r \geq 0$ 及对数螺线 $r = e^{a\varphi}$ 的图像。

第 2 章

微积分实验

2.1 极限

微积分课程中曾介绍过数列的极限、函数的极限等概念。按照定义，称 a 为数列 $\{x_n\}$ 的极限，如果 $\forall \varepsilon > 0$，$\exists N > 0$，使得当 $n > N$ 时，总有 $|x_n - a| < \varepsilon$。数列的极限如果存在，从图 2 - 1 上来看，就是点列以一条平行于横轴的直线为渐近线。

函数的极限定义为 $\forall \varepsilon > 0$，$\exists \delta > 0$，使得当 $|x - x_0| < \delta$ 时，总有 $|f(x) - A| < \varepsilon$，则称 A 为 $f(x)$ 在点 x_0 处的极限。函数在某点处的极限如果存在，从图像上来看，就是函数的图像在 $x = x_0$ 处趋于同个 y 值，如图 2 - 2 所示。

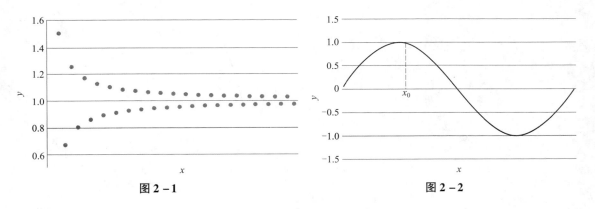

图 2 - 1   图 2 - 2

根据极限问题的不同，MATLAB 中求极限的命令有如表 2 - 1 所示的几种。

表 2 - 1

命令格式	实际意义
limit (f, x, a) 或 limit (f, a)	$\lim\limits_{x \to a} f(x)$
limit (f, x, a, 'right')	$\lim\limits_{x \to a^+} f(x)$
limit (f, x, a, 'left')	$\lim\limits_{x \to a^-} f(x)$
limit (f, x, inf)	$\lim\limits_{x \to \infty} f(x)$

如果自变量是 x，且计算的是 $x \to 0$ 时的极限，也可以简单地用 limit(f) 来表示，即 limit (f) =

limit(f, x, 0)。实际上，求数列极限也可以视为求函数极限，用同样的命令求得结果。

例 2 – 1　计算函数 $f(x) = x\sin\dfrac{1}{x}$ 在 $x \to 0$ 时的极限。

我们可以输入如下命令：

```
>> syms x;                    %定义符号变量
>> f = x * sin (1/x);         %定义函数 f
>> limit (f, x, 0)
```

输出结果为：

```
ans =
      0
```

为直观起见，现在画出函数 $f(x)$ 在区间 $[-1, 1]$ 上的图形，输入如下命令：

```
>> x = -1: 0.01: 1;           %定义一个向量 x，起点为 -1，终点为 1，步长为 0.01
>> y = x. * sin (1. /x);      %定义与 x 中每个点对应的 y 值
>> plot (x, y)                %绘图命令
```

输出结果如图 2 – 3 所示。

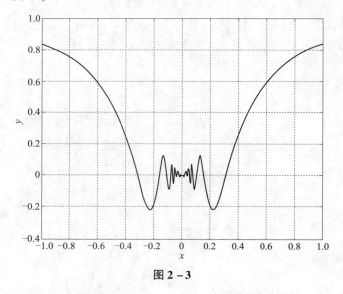

图 2 – 3

可以看到，尽管函数在 $x = 0$ 处没有定义，但函数极限确实存在。

例 2 – 2　计算函数 $f(x) = \sin\dfrac{1}{x}$ 在 $x \to 0$ 时的极限。

我们知道，这时函数的极限不存在。现在输入如下命令，观察函数 $f(x)$ 在区间 $[-1, 1]$ 上的图形，如图 2 – 4 所示：

```
>> x = -1: 0.01: 1;
>> y = sin (1. /x);
>> plot (x, y)
```

由图像可以看出，$x \to 0$ 时，函数始终在 0 ~ 1 震荡，不存在统一的极限。我们也可以尝试用 MATLAB 来计算其极限，输入如下命令：

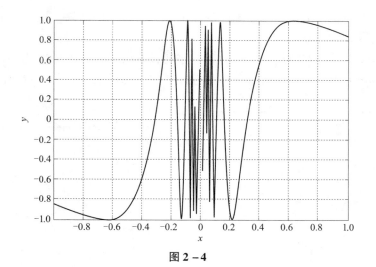

图 2-4

```
>> syms x;
>> f = sin (1/x);
>> limit (f, x, 0)
```
输出结果为：
```
ans =
     -1 ..1
```
这个结果意味着函数并不存在唯一的极限，即函数极限不存在。

例 2-3 假设第 n 个月，某种耐用消费品的市场保有量为 $x(n)$，每个月每个用户会影响 λ 个人购买商品，而且 λ 会随着总数 $x(n)$ 的增加而减少。在不考虑其他影响因素的情况下，如何预测 $x(n)$ 的变化情况？

由于每个月每个用户会影响 λ 个人购买商品，因此相邻月份的商品保有量会满足等式 $x(n+1)=x(n)+\lambda x(n)$。假设中提到 λ 会随着总数 $x(n)$ 的增加而减少，不妨将其设为 $\lambda=a-bx$，于是得到如下的非线性差分方程：

$$x(n+1)=x(n)+[a-bx(n)]x(n)$$

令 $y=bx$，差分方程变成了如下形式：

$$y(n+1)=[1+a-y(n)]y(n)$$

这就是离散形式的阻滞增长模型。我们现在的问题是：给定参数 a 和初始值 $y(0)$，$y(n)$ 会有怎样的变化趋势？

编写如下的 M 文件：

```
function y = logistic (y0, a, n)
y = zeros (n, 1);                    %设 y 初始为 n 维零向量
y (1) = y0;                          %为 y(1) 重新赋值为 y0
for i = 2: 1: n                      %for 循环进行递推计算
y (i) = y (i-1) * (1+a-y (i-1));
end
plot (y)
```

接下来，我们为其中的 $y0$ 和 a 选定不同的取值，观察作图的结果。比如令 $y0 = 0.1$，$a = 1$，1.8，2.1，2.5，$n = 60$，观察图形。

$y0 = 0.1$，$a = 1$，$n = 60$ 时，$y(i)$ 为单增序列，有极限，如图 2−5 所示。

$y0 = 0.1$，$a = 1.8$，$n = 60$ 时，$y(i)$ 为震荡序列，有极限，如图 2−6 所示。

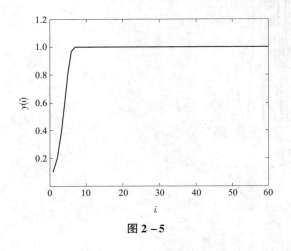

图 2−5

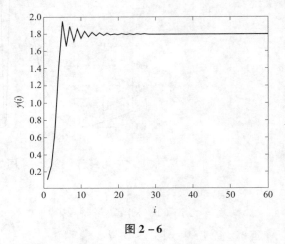

图 2−6

$y0 = 0.1$，$a = 2.1$，$n = 60$ 时，$y(i)$ 为震荡序列，双周期收敛，如图 2−7 所示。

$y0 = 0.1$，$a = 2.5$，$n = 60$ 时，$y(i)$ 为震荡序列，多周期收敛，如图 2−8 所示。

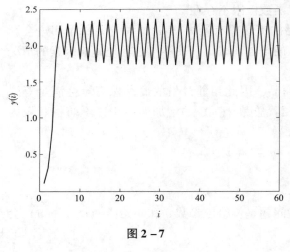

图 2−7

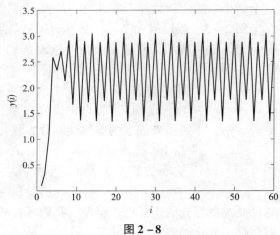

图 2−8

在学习微积分时，我们遇到过很多极限问题，都可以利用 MATLAB 来算一算，画出图来观察一下，从而获得更为形象的印象。比如两个重要极限，高阶或低阶无穷小、无穷大之间的比较等，这里不再赘述。

2.2 导数

函数在某一点处的导数，从实际意义的角度来看，是函数在某一点处的变化率，是函数曲线在这一点处的切线斜率。从数学上来看，导数是以极限的形式定义的，所以计算导数完全可以用上一节介绍的极限命令。当然，我们也可以用 MATLAB 提供的命令来直接求函数导数。

首先，我们根据导数的定义，用极限命令来求函数导数。

例 2 - 4　求函数 $y = 3\sin x + 4x^2$ 在 $x = 0$ 处的导数。

根据导数的定义，函数在 $x = 0$ 处的导数为：

$$y'(0) = \lim_{\Delta x \to 0} \frac{y(0 + \Delta x) - y(0)}{\Delta x}$$

因此可以输入如下代码：

```
>> syms t;                              % 定义符号变量 t，即导数定义中的 Δx
>> limit ((3*sin (t) +4*t^2) /t, 0)     % 求极限命令
ans = 3                                 % 输出结果
```

对于可导的一元函数 $f(x)$，我们可以用 diff($f(x)$) 命令来求其导数。

例 2 - 5　求函数 $y = 3\sin x + 4x^2$ 的导数。

只需定义系统变量，并直接调用 diff 命令即可：

```
>> syms x;
>> diff (3*sin (x) +4*x^2)
ans = 8*x + 3*cos (x)
```

例 2 - 6　求 $y = \ln(x + \cos x)$ 的导数。

输入如下代码即可：

```
>> syms x;
>> diff (log (x+cos (x)))
ans = (1 - sin (x)) /(x + cos (x))
```

输入代码时要注意，MATLAB 中将 $\ln x$ 表示为 $\log(x)$。

如果需要求一组函数或一个向量函数的导数，也可以使用 diff 命令。

例 2 - 7　求向量函数 $f(x) = \begin{pmatrix} \sin x + 1 \\ \cos x + x \\ 4x^4 \end{pmatrix}$ 的导数。

输入如下代码即可：

```
>> syms x;
>> diff ([sin (x) +1, cos (x) +x, 4*x^4])     % 注意向量函数的输入格式
ans = [ cos (x),1 - sin (x),16*x^3]
```

函数的一阶导数如果可导，则可以继续求函数的二阶导数。如果函数具有一定的光滑性，则可以求其高阶导数。求一元函数 n 阶导数的命令为 diff($f(x)$, n)。

例 2 - 8　求 $y = 3\sin x + 4x^8$ 的 7 阶导数。

在这里调用 diff 命令并注明求导的阶数即可：

```
>> syms x;
>> diff (3*sin (x) +4*x^8, 7)
ans = 161280*x - 3*cos (x)
```

对于形如 $x = x(t)$，$y = y(t)$ 的参数方程的函数，微积分课程中给出的求导法则为

$$\frac{\mathrm{d}y}{\mathrm{d}x} = \frac{y'(t)}{x'(t)}$$

因此在使用 MATLAB 求参数方程形式的函数导数时，只需先求 $y'(t)$ 和 $x'(t)$，随后将两者相除即可。

例 2 - 9 已知 $\begin{cases} x = t^2 - \ln(2 + \sin t), \\ y = t^3 - 3\sin\ln t, \end{cases}$ 求 $\dfrac{\mathrm{d}y}{\mathrm{d}x}$。

输入如下代码：

```
>> syms t;
>> dx_ dt = diff (t^2 - log (2 + sin (t)));
>> dy_ dt = diff (t^3 - 3 * sin (log (t)));
>> dy_ dx = dy_ dt / dx_ dt
```

输出结果为：

```
dy_ dx = - ( (3 * cos (log (t))) / t - 3 * t^2) / (2 * t - cos (t) /
(sin (t) + 2))
```

例 2 - 10 用圆柱形铁皮罐来装 0.5 m^3 汽油，如何设计铁皮罐的尺寸，才能让铁皮用量最少？

假设铁皮罐的高为 h，底面半径为 r。由铁皮罐容积 $\pi r^2 h = 0.5$ 可得

$$h = \frac{1}{2\pi r^2}$$

因此圆柱体表面积 $S = 2\pi rh + 2\pi r^2 = \dfrac{1}{r} + 2\pi r^2$。现在的问题是：$r$ 取什么值时 S 能取到最小值？输入如下代码，绘制函数 $S(r)$ 的图像（见图 2 - 9）。

```
>> r = 0.05: 0.1: 3;
>> S = r. \1 + 2 * pi * r. ^2;
>> plot (r, S)
>> xlabel ('r')
>> ylabel ('S')
```

可以发现，S 只有一个极值点，大致位于 $(0，1)$ 内，而且这个极值点是其最小值点。接下来对函数 $S(r)$ 求导：

```
>> syms r;
>> s = 1/r + 2 * pi * r^2;
>> diff (s)
```

求得 $S'(r) = 4\pi r - \dfrac{1}{r^2}$，因此极值点即最小值

点，为 $r = \dfrac{1}{\sqrt[3]{4\pi}}$，相应的函数最小值为：

$$S = (4\pi)^{\frac{1}{3}} + 2\pi(4\pi)^{-\frac{2}{3}}$$

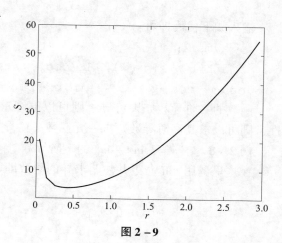

图 2 - 9

除了通过求导求最值，还可以利用 MATLAB 提供的命令来直接计算最值，命令格式为：

```
[x, f] = fminbnd ('f(x)', a, b)
```

其意义为计算以 x 为自变量的函数 $f(x)$ 在区间 $[a, b]$ 上的最小值点 x 和最小值 f。比如输入如下代码：

```
>> [x, f] = fminbnd ('x^2 -3 * x +1', -10, 10)
```

输出结果即相应的最小值点和最小值：

```
x =1.5000
f = -1.2500
```

如果没有给定区间，希望求函数在某一点附近的最小值点和最小值，可以用命令：

```
[x, f] = fminsearch ('f(x)', a)
```

其意义为计算以 x 为自变量的函数 $f(x)$ 在点 $x = a$ 附近的最小值点和最小值 f。比如输入如下代码：

```
>> [x, f] = fminsearch ('sin (2 * x) +1', 3)      % 求 x =3 附近的最小值点
                                                      和最小值

x =2.3562                                          % 输出的最小值点
f =8.9290e -011                                    % 输出的最小值
>> [x, f] = fminsearch ('sin (2 * x) +1', 5)      % 求 x =5 附近的最小值点
                                                      和最小值

x =5.4978                                          % 输出的最小值点
f =4.8613e -010                                    % 输出的最小值
```

而函数 $y = \sin(2x) + 1$ 的图像如图 2 – 10 所示。

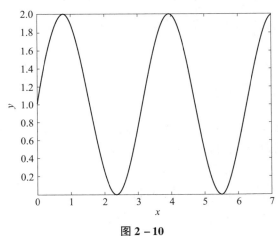

图 2 – 10

2.3　多元函数的偏导数

计算多元函数 $u = f(x, y, z)$ 关于某个变量的偏导数，可以使用 MATLAB 命令 diff(f(x, y, z), 变量名)。

例 2 - 11 已知 $u = x^2 + \ln y + \sqrt{z}$, 求 $\dfrac{\partial u}{\partial x}$, $\dfrac{\partial u}{\partial z}$。

```
>> du_ dx =diff (x^2 +log (y) +sqrt (z), x)

du_ dx =

2 * x

>> du_ dz =diff (x^2 +log (y) +sqrt (z), z)

du_ dz =

1/(2 * z^(1/2))
```

计算函数关于某个变量的 n 阶偏导数, 可以使用命令 diff(f(x, y, z), 变量名, n)。

```
>> syms x y z;
>> diff (x^2 +log (y) +sqrt (z), y, 4)

ans =

-6 /y^4
```

计算形如 $\dfrac{\partial^2 u}{\partial x \partial y}$ 的高阶偏导数, 可以使用命令 diff(diff(f(x, y, z), x), y)。

```
>> diff (diff (x^2 +log (y) +sqrt (z), x), y)

ans =

(2 * x) /y
```

计算多元向量函数 $u = (f(x, y, z), g(x, y, z), h(x, y, z))$ 的偏导数, 即其 Jacobian 矩阵, 可以使用命令 jacobian([f, g, h], [x, y, z])。

例 2 - 12 已知 $u = \begin{pmatrix} x^2 + \sin y \\ y^2 + \sin z \\ z^2 + \sin x \end{pmatrix}$, 求其 Jacobian 矩阵。

输入如下命令:

```
>> syms x y z;
>> jacobian ( [x^2 +sin (y), y^2 +sin (z), z^2 +sin (x)], [x, y, z])
```

可得相应的 Jacobian 矩阵为:

```
ans =

[2 * x, cos (y), 0]
```

```
[0, 2 * y, cos (z)]
[cos (x), 0, 2 * z]
```

对于隐函数形式的函数求导，比如形如 $F(x, y) = 0$ 的函数关系，根据高等数学所学的知识，我们需要通过求偏导数来计算。设 $F(x, y) = 0$，则 $\dfrac{\partial y}{\partial x} = -\dfrac{F_x}{F_y}$；设 $F(x, y, z) = 0$，则偏导数 $\dfrac{\partial z}{\partial x} = -\dfrac{F_x}{F_z}$。同理，偏导数 $\dfrac{\partial z}{\partial y} = -\dfrac{F_y}{F_z}$。在利用 MATLAB 计算隐函数形式的函数导数时，我们也要使用同样的办法。

例 2 – 13　已知 $x^2 \mathrm{e}^{-2y} = 5$，求 $\dfrac{\mathrm{d}y}{\mathrm{d}x}$。

输入如下命令：

```
>> syms x y;
>> F = x^2 * exp ( -2 * y) -5;
>> dy_ dx = -diff (F, x) /diff (F, y)
```

可得相应的输出结果：

```
dy_ dx =

1 / x
```

例 2 – 14　已知 $x^2 \mathrm{e}^{-2y-2z} = 5$，求 $\dfrac{\partial z}{\partial y}$。

输入如下命令：

```
>> syms x y z;
>> F = x^2 * exp ( -2 * y -2 * z) -5;
>> dz_ dy = -diff (F, y) /diff (F, z)
```

可得相应的输出结果：

```
dz_ dy =

-1
```

例 2 – 15　商场每 T 天购进 Q kg 某种蔬菜零售，每天销量为 r kg，$rT > Q$。那么 T 和 Q 如何选择才能让总支出最小？

在这里我们需要如下假设条件：

(1) 每次进货需要额外开支 a 元；

(2) 每天每千克蔬菜储存费支出 b 元；

(3) 每天每千克缺货损失费 c 元。

记 $q(t)$ 为 t 时刻蔬菜的储存量，具体形式为 $q = Q - rt$，$t \in [0, T]$。$t = Q/r$ 时蔬菜售完，在 $(Q/r, T]$ 时间段内缺货，$q(t) < 0$。因此一次性订货周期的总支出为：

$$C = a + b \cdot \int_0^{Q/r} q(t)\,\mathrm{d}t + c \int_{Q/r}^{T} |q(t)|\,\mathrm{d}t$$

$$= a + b \cdot \frac{Q^2}{2r} + \frac{1}{2} c \cdot r \left(T - \frac{Q}{r} \right)^2$$

每天的平均支出为

$$C(T,Q) = \frac{a}{T} + \frac{bQ^2}{2rT} + \frac{c(rT-Q)^2}{2rT}$$

因此现在的问题是 T 和 Q 取何值时，$C(T, Q)$ 达到最小。解决办法是求 $C(T, Q)$ 关于 T 和 Q 的偏导数，并令两个偏导数为零，即可得到相应的 T 和 Q 值。

输入如下代码计算偏导数：

```
>> syms a b c r T Q;
>> C = a/T + b*Q^2/(2*r*T) +c* (r*T-Q) ^2/2*r*T;
>> dC_ dT = diff (C, T)
>> dC_ dQ = diff (C, Q)
```

然后令 $\mathrm{d}C\_\mathrm{d}T = 0$，$\mathrm{d}C\_\mathrm{d}Q = 0$，可以求得

$$T = \sqrt{\frac{2a}{rb}\frac{b+c}{c}}, Q = \sqrt{\frac{2ar}{b}\frac{c}{b+c}}$$

按照上述 T 值和 Q 值来进货，就可以让总支出最小化。

求函数的导数、偏导数均为符号运算，与我们之前介绍的数值计算有所不同。使用软件计算导数、偏导数非常简单，因此在学习高等数学的过程中可以借助软件来验证课堂上所学的定理、结论。

2.4 导数的应用 (1)

求代数方程 $f(x) = 0$ 的根，曾经是代数学领域的中心问题，许多才华横溢的数学家在这一领域作出了卓越的贡献。下面介绍导数在解方程（组）方面的应用。

求代数方程 $f(x) = 0$ 的根，可以直接调用 MATLAB 命令 solve(f, x)，输出结果即 $f(x) = 0$ 的所有符号解或精确解。

比如要求 $x^2 + 3x + 2 = 0$ 的根，可以输入如下代码：

```
>> syms x;
>> f = x^2 +3 * x +2;
>> solve (f, x)
```

输出结果为：

```
ans = -2, -1。
```

求解如下代数方程组：

$$\begin{cases} f(x,y) = 0, \\ g(x,y) = 0 \end{cases}$$

可以使用命令代码 [x, y] = solve (f, g, x, y)．比如要求解

$$\begin{cases} x^2 + 6y + 2 = 0, \\ x + y = b \end{cases}$$

可以输入如下代码：

```
>> syms x y b;
>> f = x^2 +6 * y +2;
```

```
>> g = x + y - b;
>> [x, y] = solve (f, g, x, y)
```
输出结果为:
```
x =

    3 - (7 - 6*b) * (1/2)
    (7 - 6*b) * (1/2) + 3


y =

    b + (7 - 6*b) * (1/2) - 3
    b - (7 - 6*b) * (1/2) - 3
```
在上面的例子中，我们得到的都是精确解。如果无法求出精确解，MATLAB 会发出提示，并给出相应的近似数值解。

例 2 - 16　求 $5\sin(2x) = \mathrm{e}^x$ 的根。

仿照此前的例子输入如下代码:
```
>> syms x;
>> f = 5 * sin (2 * x) - exp (x);
>> solve (f, x)
```
输出结果为

警告: Cannot solve symbolically. Returning a numeric approximation instead.

```
> In solve at 306

ans =


0.11291035698994542654891471155014
```
使用绘图命令绘制函数 $y = 5\sin(2x) - \mathrm{e}^x$ 的图像，如图 2 - 11 所示。

观察图像可以发现，$5\sin(2x) - \mathrm{e}^x = 0$ 的解并不唯一，因此在使用 solve 命令解方程时，要注意甄别输出的解是否满足要求。

在了解求解代数方程的命令代码后，我们的下一个问题是：方程的近似数值解是如何求出来的？

代数方程近似解的求法基于零点存在定理，主要分为两个步骤：

（1）确定根的大致范围 $[a, b]$。这里可以绘出函数的图像，通过观察确定这一范围。我们知道，如果连续函数 $f(x)$ 满足

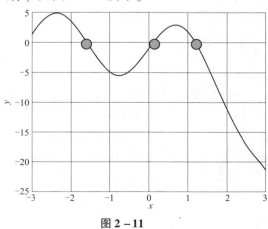

图 2 - 11

$f(a)f(b)<0$且在区间 $[a, b]$ 上仅穿过 x 轴一次，则 $f(x)$ 在 (a, b) 内必然存在唯一的零点。

（2）以区间端点 a 和 b 为根的初始近似值，采用某种算法逐步改进精确度，直至求得满足要求的近似解。

下面介绍牛顿迭代法和弦截法。

如果 $f(x)$ 在 $[a, b]$ 上二阶可导，$f(a)f(b)<0$ 且 $f'(x)$ 与 $f''(x)$ 在 $[a, b]$ 上不变号（即函数的单调性与凹凸性不发生变化），则可用牛顿迭代法来求解代数方程 $f(x)=0$。

所谓牛顿迭代法，就是用 $y=f(x)$ 在各点的切线来代替曲线，以切线与 x 轴交点的横坐标为 $f(x)=0$ 实根的近似，如图 2-12 所示。

使用牛顿迭代法求 $f(x)=0$ 的近似解时，首先需要确定一个迭代的初始值。由于 $f(a)f(b)<0$ 且 $f'(x)$ 在 $[a, b]$ 上不变号，因此必有 $f(a)f'(a)>0$ 或 $f(b)f'(b)>0$。如果 $f(b)f'(b)>0$，则取初始值 $x_0=b$；如果 $f(a)f'(a)>0$，则取初始值 $x_0=a$。

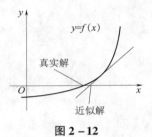

图 2-12

其次，在 x_0 处，函数 $y=f(x)$ 的切线方程为 $y-f(x_0)=f'(x_0)(x-x_0)$，代入 $y=0$ 可得此切线与 x 轴的交点 $x_1=x_0-\dfrac{f(x_0)}{f'(x_0)}$。如果 $f(x_1)$ 满足精度要求，即输出 x_1 作为 $f(x)=0$ 的近似解；否则在 x_1 处作切线，继续第（2）步。按照上述办法反复迭代，直到 $f(x_n)$ 满足精度要求为止。

具体算法步骤如下：

（1）输入精度指标 $\varepsilon>0$。

（2）确定区间 $[a, b]$，该区间应满足 $f(a)f(b)<0$ 且 $f'(x)$ 与 $f''(x)$ 在 $[a, b]$ 上不变号。

（3）若 $f(b)f'(b)>0$，取 $x_0=b$，否则取 $x_0=a$。

（4）定义 $x_1=x_0-\dfrac{f(x_0)}{f'(x_0)}$。

（5）若 $|x_1-x_0|<\varepsilon$，则输出近似解 x_1，否则令 $x_0=x_1$ 并返回步骤（4）。

如果 $f(x)$ 的一阶导数不容易计算，则可以使用弦截法。即给定初始值 x_0 和 x_1，用如下迭代公式计算其余各点：

$$x_{n+1}=x_n-\frac{f(x_n)}{\dfrac{f(x_n)-f(x_{n-1})}{x_n-x_{n-1}}}, n>1$$

对比牛顿迭代法和弦截法，前者每次迭代都需要分别计算一次函数值和一次导数值，后者只需计算一次函数值即可。接下来介绍的几个命令都以牛顿迭代法为基础。比如求函数 $f(x)=0$ 在一定范围内的零点，可以用命令 x = fzero(f, x0)；求 $f(x)=0$ 在区间 $[a, b]$ 上的零点，可以用命令 x = fzero(f, [a, b])。

例 2-17 求 $5\sin(2x)=e^x$ 在 $x=-5$ 附近的零点。

输入如下代码：

```
>> f ='5 * sin (2 * x) - exp (x)';
```

```
>> x = fzero (f, -5)
```

输出结果为：

```
x = -4.7133。
```

例 2 – 18　求 $5\sin(2x) = e^x$ 在 $[0, 1]$ 上的零点。

输入代码：

```
x = fzero(f, [0, 1])
```

可得结果为：

```
x = 0.1129。
```

我们也可以指定初始点来计算函数的零点。从 x_0 出发求 $f(x) = 0$ 的零点，可以用命令 $[x, f, h] = $ fsolve $(f, x0)$。输出结果为向量 $[x, f, h]$，其中 x 为近似零点，f 为该点处的函数值，h 的输出值大于零表示结果可靠，否则不可靠。

例 2 – 19　求 $y = 2\sin x - 1.5$ 的零点。

输入如下代码：

```
>> syms x f h;
>> f ='2 * sin (x) -1.5';
>> [x, f, h] = fsolve (f, 0)
```

输出结果为：

```
x = 0.8481, f = -1.0918e -10, h =1。
```

如果初始点不同，或者使用的命令不同，那么计算出的结果可能会有差异，在使用时要注意。在介绍了导数在解方程中的应用之后，我们将介绍高等数学课程中涉及的导数应用。

2.5　导数的应用（2）

在高等数学课程中，导数的应用随处可见。比如求极限时用到的洛必达法则，函数的泰勒展开式，判断函数的单调性和求极值等。利用 MATLAB，我们可以很好地验证上述理论。

首先，我们来验证洛必达法则。洛必达法则主要用于解决 $\dfrac{0}{0}$ 型和 $\dfrac{\infty}{\infty}$ 型的极限问题，具体内容为：如果 $\lim\limits_{x \to a} f(x) = \lim\limits_{x \to a} g(x) = 0$，在点 a 的某去心邻域内，f 和 g 均可导且 $g'(x) \neq 0$，同时 $\lim\limits_{x \to a} \dfrac{f'(x)}{g'(x)}$ 存在或者为无穷大，则有

$$\lim_{x \to a} \frac{f(x)}{g(x)} = \lim_{x \to a} \frac{f'(x)}{g'(x)}$$

例 2 – 20　求函数极限 $\lim\limits_{x \to a} \dfrac{3^x - 2^x}{x}$。

对于这个问题，可以用 limit 命令直接计算：

```
>> syms x;
>> f =3 * x -2 * x;
>> g =x;
>> limit (f/g, x, 0)
```

也可以对分子、分母分别求导之后，再用 limit 命令求极限：

```
>> syms x;
>> f = 3^x - 2^x;
>> g = x;
>> limit (diff (f, x) /diff (g, x), x, 0)
```

两种方式的计算结果都是 log (3) - log (2)。

下面验证泰勒展开定理。泰勒展开定理的具体内容为：如果函数 $f(x)$ 在 $x = a$ 处存在任意阶导数，则在 $x = a$ 的某个邻域内，函数 $f(x)$ 可以表示为：

$$f(x) = f(a) + f'(a)(x - a) + \frac{f''(a)}{2!}(x - a)^2 + \cdots + \frac{f^{(n)}(a)}{n!}(x - a)^n + \cdots$$

求函数 $f(x)$ 在 $x = a$ 处的 $n - 1$ 阶幂级数展开式，所对应的 MATLAB 命令为：

taylor (f, x, 'ExpansionPoint', a, 'Order', n)

例 2 - 21　观察 $f(x) = \mathrm{e}^x \sin x$ 在 $x = 1$ 处的幂级数展开式。

输入如下命令：

```
>> syms x f;
>> f = exp (x) * sin (x);
>> T2 = taylor (f, x, 'ExpansionPoint', 1, 'Order', 2)
```

则输出结果为函数的 1 阶幂级数展开式：

T2 = esin1 + e (cos1 + sin1) (x - 1)

输入新的命令：

```
>> T3 = taylor (f, x, 'ExpansionPoint', 1, 'Order', 3)
```

则输出结果为函数的 2 阶幂级数展开式：

T3 = esin1 + e (cos1 + sin1) (x - 1) + ecos1 (x - 1)²

在同一个图中画出函数本身及其 1 阶、2 阶幂级数展开式的图像，如图 2 - 13 所示。

显然，相比于 $T2$，$T3$ 在 $x = 1$ 附近更接近函数本身的曲线。

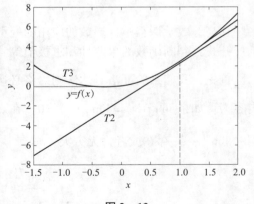

图 2 - 13

最后，我们来讨论函数的单调性和极值问题。在高等数学课程中，讨论可导函数的单调性被归结为求函数导数的正负区间，而极值点则要从函数导数的正负区间的端点中筛选。

例 2 - 22　求函数 $f(x) = x^3 - 2x + 5$ 的单调区间与极值。

首先求函数的驻点，即导数为零的点。输入如下命令：

```
>> syms x;
>> f = x^3 - 2 * x + 5;
>> zhudian = solve (diff (f, x))
```

输出结果为：

zhudian = $\pm \dfrac{\sqrt{6}}{3}$。

其次作出函数在这两点附近的图像（见图 2 – 14）。

```
>> x = -2: 0.1: 2; f = x. ^3 -2 * x +5;
>> plot (x, f)
>> grid on
```

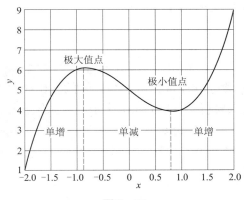

图 2 – 14

根据图像可以看出，函数的单调区间、极值点的位置和类型。

在高等数学课程中，导数应用部分有大量的习题，我们可以选择其中的部分习题进行验证。作图的时候要注意，求导、解方程输出的代码需要修改后才能用于作图，否则很容易出错。

2.6　常微分方程的精确解

常微分方程是一种包含自变量、函数、函数导数和高阶导数的等式。常微分方程（组）经常被用于描述事物的动态变化，如经济波动、物体运动轨迹、受力形变等。下面介绍如何用 MATLAB 来求解常微分方程。

求解常微分方程（组）通解的命令为：

$$\text{dsolve}('eqn1', 'eqn2', \cdots, t)$$

其中，eqn1、eqn2 等为各个方程，t 为自变量。

例 2 – 23　求解 $x'(t) +4x(t) = \sin(2t)$。

命令代码和输出结果如下：

```
>> dsolve ('Dy +4 * x = sin (2 * t) ')
```

```
ans =
```

```
sin (2 * t) /5 - cos (2 * t) /10 + C8 * exp (-4 * t)
```

输出结果中的 C8 为待定常数。

需要注意的是，如果常微分方程（组）中的自变量为 t，则无须专门注明，其他自变量必须注明。比如 $y'(x) = x$ 的通解为 $y(x) = \dfrac{x^2}{2} + C$，如果不注明自变量去用命令 dsolve ('Dy = x ')，则输出的是错误答案 ans = t * x + C。正确的求解命令应为：

```
>> syms x;
>> dsolve ('Dy = x', x)
```

例 2 – 24 求解 $x''(t) + 2x'(t) - 3x(t) = e^t$。

输入如下代码：

```
>> dsolve ('D2x + 2 * Dx - 3 * x = exp (t) ')
```

输出结果为：

```
ans =
C1 * exp (t) - exp (t)/16 + (t * exp (t))/4 + C2 * exp ( - 3 * t)
```

我们知道，绝大多数常微分方程是无法求解析解的。比如常微分方程 $x''(t) + 2x'(t) - \cos x(t) = e^t \sin x(t)$ 就无法求解析解，用 dsolve 求解时，系统会提示无法求解。

```
>> dsolve ('D2x + 2 * DX - cos (x) - sin (x) * exp (t) ')
警告：Explicit solution could not be found.
In dsolve at 197

ans =

[empty sym]
```

例 2 – 25 求解常微分方程组 $\begin{cases} x'(t) = -3y(t), \\ y'(t) = 4x(t)。 \end{cases}$

由于常微分方程组的通解为单变量向量函数，因此输入的命令格式为：

```
>> syms t;
>> [x, y] = dsolve ('Dx = -3 * y', 'Dy = 4 * x', t)
```

输出结果为：

```
x =

 - (12^(1/2) * C20 * cos (12^(1/2) * t)) /4 - (12^(1/2) * C19 *
sin (12^(1/2) * t)) /4


y =

C19 * cos (12^(1/2) * t) - C20 * sin (12^(1/2) * t)
```

常微分方程的通解都带有任意常数项，要确定这些常数项的具体数值，需要有定解条件，由此得到的就是常微分方程的特解。定解条件包括初值条件、边值条件，在此基础上求解常微分方程，可以用命令：

```
        dsolve('eqn', 'condition1', …, 'conditionk', t)
```

其中，eqn 为方程，condition1 等为定解条件。

例 2 – 26 求解二阶常微分方程初值问题：

$$\begin{cases} y''(x) + 3y'(x) + 2y(x) = \sin(2x), \\ y(0) = 1, \ y'(0) = 1。 \end{cases}$$

输入如下命令：

```
>> syms x;
>> dsolve ('D2y + 3 * Dy + 2 * y = sin (2 * x)', 'y (0) = 1', 'Dy (0) =
1', x)

ans =

(17 * exp (-x)) /5 - (3 * cos (2 * x)) /20 - (9 * exp (-2 * x)) /4 -
sin (2 * x) /20
```

例 2 - 27　种群规模研究经常会用到常微分方程（组），比如最简单的指数增长模型：设 t 时刻种群总数为 $x(t)$，种群规模增速与现有种群规模成正比，比例系数为 r（相对增长率）。据此可以建立常微分方程模型：$x'(t) = rx(t)$。求其通解：

```
>> syms x t r;
>> s = dsolve ('Dx = r * x')

s =

C2 * exp (r * t)
```

即模型有通解 $x = C \cdot e^{rt}$。设 $C = 10$ 而 $r = 0.1$，可以绘出解的曲线，如图 2 - 15 所示。

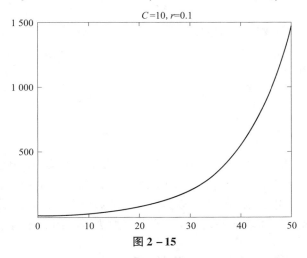

图 2 - 15

考虑到环境和资源的限制，种群规模又会对种群增长产生一定的阻滞作用。假设种群的相对增长率是总数的减函数 $r = a\left(1 - \dfrac{x}{N}\right)$，其中，$N$ 为环境可容纳的种群数量上限。据此建立阻滞增长模型 $x'(t) = a\left(1 - \dfrac{x}{N}\right)x$，对其求解：

```
>> syms x a N t ;
>> s = dsolve ('Dx = a * (1 - x/N) * x')
```

```
s =

                                            N
                                            0
N/ (exp ( -N* (C5 + (a*t) /N)) + 1)
```

结果表明，方程有三个解，两个常值解 $x(t) \equiv N$，0 以及 $x(t) = \dfrac{N}{1 + e^{-N\left(C + \frac{at}{N}\right)}}$。

观察 x' 随着 x 变化的图形，如图 2 – 16 所示。

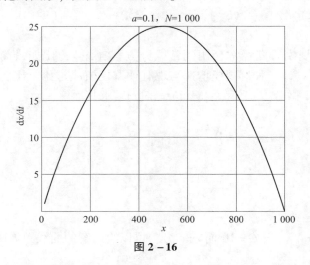

a=0.1，N=1 000

图 2 – 16

可以看到，随着种群总数 x 的增加，种群增速 x' 先是不断上升，然后趋于下降，并在 $x = N$ 时降为 0，即种群规模停止增长。

假设 $t = 0$ 时种群的初始值为 x_0，代入 $x(t)$ 的表达式可以求出任意常数项 C，这时解可以改写为

$$x(t) = \frac{N}{1 + \left(\dfrac{N}{x_0} - 1\right)e^{-at}}$$

根据这个解的表达式，可以看到种群规模会随着时间推移逐渐趋于环境允许的上限。

本节所介绍的常微分方程解法，都是求精确解，但是绝大多数常微分方程都是无法求出精确解的。因此在实际应用中，人们经常会以微分方程的数值解来代替精确解。此外，还可以运用常微分方程定性理论，在不求解的情况下，根据微分方程（组）本身来直接分析解的性态。

2.7　常微分方程（组）的数值解

非线性常微分方程通常无法求解析解，即使是线性常微分方程，如果不能获得变系数的积分，也无法给出解的表达式。因此在实际应用中，研究人员经常需要计算常微分方程的数值解。下面介绍几种求常微分方程（组）数值解的方法。

求常微分方程（组）的数值解，就是选取自变量的若干个离散节点，求常微分方程（组）在这些节点处的近似值。函数的导数是以差商的极限的形式定义的，在求常微分方程（组）的数值解时，一个很容易想到的思路就是反其道而行之，将以差商作为导数的近似值。

首先介绍 Euler 法。对于带有初值条件的常微分方程

$$y' = f(t, y), \quad y(t_0) = y_0$$

首先要选取适当的节点 $t_0 < t_1 < t_2 < \cdots < t_n < t_f$，比如采用固定步长的方式，令 $t_{k+1} - t_k \equiv h$。然后在各个节点处用差商代替导数：

$$y'(t_k) \approx \frac{y(t_{k+1}) - y(t_k)}{h}$$

由此可得 $y(t_{k+1}) \approx y(t_k) + h \cdot f(t_k, y(t_k))$。根据这个递推公式，我们可以从 y_0 推出所有的 $y(t_k)$，这就是 Euler 法。

在使用 Euler 法求常微分方程的数值解时，也可以有多种不同的处理方法。比如可以采用向后 Euler 法：

$$y(t_{k+1}) \approx y(t_k) + h \cdot f(t_{k+1}, y(t_{k+1}))$$

以及改进 Euler 法：

$$y(t_{k+1}) \approx y(t_k) + h \cdot \frac{f(t_k, y(t_k)) + f(t_{k+1}, y(t_{k+1}))}{2}$$

$$= y(t_k) + h \cdot \frac{f(t_k, y(t_k)) + f(t_{k+1}, y(t_k) + h \cdot f(t_k, y(t_k)))}{2}$$

在实际应用中，人们发现 Euler 法的精度无法满足要求，而综合考虑多个节点处的斜率，可以有效提高精度。龙格 – 库塔法就是一种考虑多个节点的方法，适用面比较广，精度也比较高。具体思路如下：

$$y(t_{k+1}) \approx y(t_k) + \sum_{i=1}^{N} c_i K_i$$

其中，$K_1 = f(t_k, y(t_k))$，$K_i = f\left(t_k + p_i h, y(t_k) + \sum_{j=1}^{i-1} b_{ij} K_j\right)$，$h$ 为步长。

有多种算法可以用来求解常微分方程的数值解，因此 MATLAB 中可供使用的函数也有多个。常用的函数如表 2 – 2 所示。

表 2 – 2

函数名	简介	适用对象
ode45	单步，4/5 阶龙格 – 库塔法	大部分 ODE
ode23	单步，2/3 阶龙格 – 库塔法	快速、精度不高的求解
ode113	多步，Adams 算法	误差要求严格或计算复杂

需要注意的是，上述函数仅适用于非刚性（Nonstiff）方程（组）。所谓刚性方程（组），就是其数值解只有在步长很小时才会稳定，步长较大时就会很不稳定。在具体应用中，如果使用常用函数长时间没有结果，则可以考虑换用表 2 – 3 所示函数。

表 2 – 3

函数名	简介	适用对象
ode23t	采用梯形算法	具有一定的刚性特点
ode15s	多步，反向数值积分法	ode45 失效时可以试用
ode23s	单步，2 阶 Rosebrock 算法	精度设定较低时，速度快
ode23tb	采用梯形算法	精度设定较低时，速度快

求常微分方程（组）数值解的命令格式为：

$$[t, y] = solver ('odefun', tspan, y0, options)$$

其中，solver 选择 ode45 等函数名；odefun 为根据待解方程或方程组编写的 M 文件名；tspan 为自变量的区间 $[t_0, t_f]$，即数值解的计算范围，t_0 表示初始点；y_0 表示初始值；options 用于设定误差限制，其命令格式为：

$$options = odeset ('reltol', rt, 'abstol', at)$$

其中，rt 输入相对误差，at 输入绝对误差。

例 2 – 28　假设任意时刻，人口的增速与人口总数成正比。据此建立常微分方程模型：$x'(t) = kx(t)$，$x(0) = x_0$。利用分离变量法，可以迅速求出该初值问题的解为 $x(t) = x_0 \cdot e^{kt}$。要求其数值解，需要先设定初值问题中的各项参数。比如设 $k = 0.05$，$x_0 = 1\,000$，建立描述方程的 M 文件：

```
function dx = human (t, x)
dx = 0.05 * x
```

并保存为 human. m. 接着使用命令：

```
>> [t, x] = ode45 ('human', [0, 100], 1000);        % 计算 [0, 100] 范围内
                                                       的数值解

>> plot (t, x)
>> hold on
>> x = 1000 * exp (0.05 * t);
>> plot (t, x)
```

上述命令输入后，可以得到数值解各点连线与真实解各点连线的对比图，如图 2 – 17 所示。

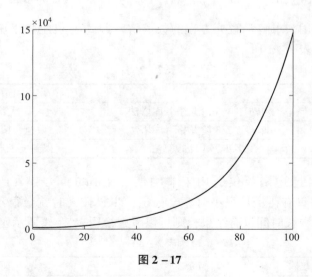

图 2 – 17

从图 2 – 17 可以看到，两条曲线重合度非常高。

例 2 – 29　假设甲、乙两个种群竞争同一种资源。t 时刻甲、乙各自的数量分别是 $x(t)$，$y(t)$，则其变化规律可以用如下常微分方程组来描述：

$$\begin{cases} x'(t) = ax\left(1 - \dfrac{x}{N} - p\,\dfrac{y}{M}\right), \\ y'(t) = by\left(1 - q\,\dfrac{x}{N} - \dfrac{y}{M}\right)。 \end{cases}$$

其中，a、b 分别表示两个种群的自然增长率；N、M 分别表示两物种单独生存时的数量上限；p、q 分别表示乙对甲和甲对乙的竞争强度或影响能力。

要求数值解，首先编写描述方程组的 M 文件：

```
function dx = compete (t, x)
dx = zeros (2, 1);
dx (1) = 0.01 * x (1) * (1 - x (1) /50000 - 0.1 * x (2) /60000);
dx (2) = 0.02 * x (2) * (1 - 0.2 * x (1) /50000 - x (2) /60000);
```

并将文件命名为 compete. m. 其中，x (1)、x (2) 表示方程组中的 x、y。在输入方程组时，设定的乙的增长率和上限都相对占优。接着输入命令：

```
>> [t, x] = ode45 ('compete', [0, 500], [10, 10]);
>> plot (t, x (:, 1), t, x (:, 2))    % 在一张图上绘制 t - x 和 t - y 曲线
>> plot (x (:, 1), x (:, 2))          % 绘制 x - y 曲线图
```

对比图 2 - 18 可以看出，在乙增长率和上限都占优的情况下，甲的数量增长会受到压制。

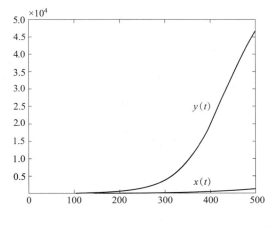 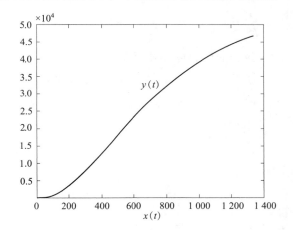

图 2 - 18

对于来自现实问题的常微分方程（组）模型而言，求解往往不是最重要的，更重要的是模型中函数关系变化、参数变化等会对解的性态产生怎样的影响。因此，在求解数值解之前，最好能利用常微分方程定性理论对参数的影响做一界定，这样才能更加全面地了解事物内在的运行规律。

2.8　数值微分

前面给出了用符号计算求函数的导数或者偏导数的方法，但是有时符号计算不方便，或者有些实际问题只给出一些离散点上的函数值，而没有解析表达式，这时就需要运用数值微分方法来计算导数和偏导数。数值微分是用离散方法近似计算函数的导数值或偏导数值。

以一元函数 $y=f(x)$ 为例，已知函数在某些点上的函数值，如图 2-19 所示，其中两个相邻节点的距离 $h(>0)$ 为小的增量。根据导数定义，可以用差商近似导数，得到差商型求导公式，比如向前差商公式

$$f'(x) \approx \frac{f(x+h)-f(x)}{h}$$

或者向后差商公式

$$f'(x) \approx \frac{f(x)-f(x-h)}{h}$$

将二者平均可以得到中心差商公式

$$f'(x) \approx \frac{f(x+h)-f(x-h)}{2h}$$

其几何意义如图 2-19 所示。

由 Taylor 公式，可以给出差商型求导公式的截断误差：

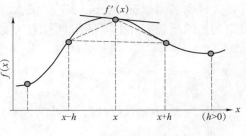

$$f'(x) - \frac{f(x+h)-f(x)}{h} = O(h)$$

$$f'(x) - \frac{f(x)-f(x-h)}{h} = O(h)$$

$$f'(x) - \frac{f(x+h)-f(x-h)}{2h} = O(h^2)$$

图 2-19

即向前和向后差商公式都是一阶算法，而中心差商公式是二阶算法。

还可以用数值微分求解一元函数的二阶导数，由 Taylor 公式得：

$$f(x+h) = f(x) + hf'(x) + \frac{h^2}{2!}f''(x) + \frac{h^3}{3!}f'''(x) + \frac{h^4}{4!}f^{(4)}(\eta_1)$$

$$f(x-h) = f(x) - hf'(x) + \frac{h^2}{2!}f''(x) - \frac{h^3}{3!}f'''(x) + \frac{h^4}{4!}f^{(4)}(\eta_2)$$

两式相加，再去掉四阶余项，则得到二阶导数的中心差商公式：

$$f''(x) \approx \frac{f(x+h)-2f(x)+f(x-h)}{h^2}$$

由此可以得到其截断误差：

$$f''(x) - \frac{f(x+h)-2f(x)+f(x-h)}{h^2} = O(h^2)$$

下面给出几个利用数值微分求导数近似值的例子。

例 2-30　利用数值微分求 $y=f(x)=4x^2+3\sin x$ 在 $x=1$ 处的近似一阶和二阶导数。

下面将利用一阶和二阶的中心差商公式对不同的 h 来求函数的近似一阶和二阶导数。为了对比，先利用其导函数表达式求出其一阶和二阶导数值。输入语句：

```
x = 1;
dy_1 = 8 * x + 3 * cos (x)
dy_2 = 8 - 3 * sin (x)
```

得到输出：

```
dy_1 = 9.6209069
```

dy_ 2 = 5.4755870

再输入求数值微分的程序语句：

```
>>  x =1；
h = [0.1 0.01 0.001 0.0001]；
x1 = x + h；
x2 = x - h；
y =3 * sin (x) +4. * x. ^2；
y1 =3 * sin (x1) +4. * x1. ^2；
y2 =3 * sin (x2) +4. * x2. ^2；
ysw_ 1 = (y1 - y2). /(2 * h)
ysw_ 2 = (y1 + y2 - 2. * y). /(h. ^2)
```

其中，y 是 $f(x)$，y1 是 $f(x+h)$，y2 是 $f(x-h)$，所以 ysw_1 和 ysw_2 是根据公式

$$f'(x) \approx \frac{f(x+h) - f(x-h)}{2h}$$

$$f''(x) \approx \frac{f(x+h) - 2f(x) + f(x-h)}{h^2}$$

计算出来的在 $x =1$ 处的近似一阶和二阶导数。输出为：

```
ysw_ 1 =  9.6182067   9.6208799   9.6209066   9.6209069
ysw_ 2 =  5.4776900   5.4756081   5.4755873   5.4755871
```

从计算结果与导函数的结果对比可以看出，不同的 h 得到不同的近似导数值，一定范围内 h 越小，近似导数的误差也越小，但是如果 h 过小又会导致舍入误差的增加，所以也不能太小，通常 h 取值可以在 $10^{-8} \sim 10^{-3}$。

下面给出一个离散问题的例子。

例 2 - 31　中国出生人口增长率问题。已知中国某些年份的出生人口统计数据如表 2 - 4 所示，试估算表中这些年份的出生人口年增长率。

表 2 - 4

年份/年	1930	1935	1940	1945	1950	1955	1960	1965	1970
人口/万人	650	781	914	1 005	1 471	1 861	1 468	2 479	2 801
年份/年	1975	1980	1985	1990	1995	2000	2005	2010	2015
人口/万人	2 114	1 839	2 043	2 621	1 693	1 379	1 617	1 574	1 655

输入程序如下：

```
>>px = [650 781 914 1005 1471 1861 1468 2479 2801 2114 1839 2043 2621
1693 1379 1617 1574 1655]；
for k =2：17；
zzl (k) = (px (k +1) - px (k -1)) /10；
end
zzl
```

```
plot (zzl)
```

其中，zzl(k) 就是相应年份运用中心差商公式得到的出生人口增长率，输出为：
```
zzl =
0   26.4000   22.4000   55.7000   85.6000   -0.3000   61.8000   133.3000
 -36.5000   -96.2000   -7.1000   78.2000   -35.0000 -124.2000   -7.6000
19.5000    3.8000
```

增长率数据的图形表示如图 2 - 20 所示。

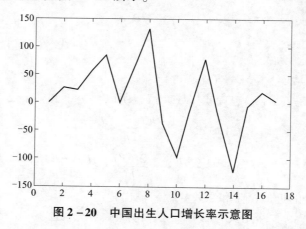

图 2 - 20   中国出生人口增长率示意图

从结果可以看出，出生人口的增长率开始是增加的，但是自 20 世纪六七十年代以后增长率开始有下降的趋势。

上述利用数值微分求一元函数的近似导数的数值微分方法也可以用在多元函数求偏导数上，大家可以自行推导公式并进行练习。

2.9   不定积分

MATLAB 软件可以运用符号运算来给出函数的不定积分，下面给出不定积分的定义。

若函数 $F(x)$ 在区间 I 上满足 $F'(x) = f(x)$，则称 $F(x)$ 是 $f(x)$ 在 I 上的一个原函数。

函数 $f(x)$ 在区间 I 上的原函数全体称为 $f(x)$ 在 I 上的不定积分，记作 $\int f(x)\mathrm{d}x$，即

$$\int f(x)\mathrm{d}x = F(x) + C$$

其中，$F(x)$ 为 $f(x)$ 在区间 I 上的一个原函数，C 为任意常数。

运用 MATLAB 符号运算给出不定积分的命令 int 调用格式：

计算不定积分 $\int f(x)\mathrm{d}x$：int(f(x))。

计算不定积分 $\int f(x,y)\mathrm{d}x$：int(f(x, y), x)。

例 2 - 32   计算不定积分 $\int x^3 \ln x \mathrm{d}x$。

输入命令：
```
syms x;
```

```
y = x^3 * log (x);
y1 = int (y)
```
输出结果:
```
y1 = (x^4 * (log (x) - 1/4)) /4
```
由计算结果得到:

$$\int x^3 \ln x \mathrm{d}x = \frac{x^4}{4}\left(\ln x - \frac{1}{4}\right) + C$$

例 2 – 33　计算不定积分 $\int \sqrt{a^2 + x^2}\,\mathrm{d}x$；$\int \frac{x + 1}{\sqrt[3]{3x + 1}}\mathrm{d}x$；$\int x^2 \arcsin x \mathrm{d}x$。

输入命令:
```
syms x, a;
y = [sqrt (a^2 + x^2), (x + 1) /(3 * x + 1) ^(1/3), x^2 * asin (x)];
int (y, x)
```
输出结果:
```
ans =
[ (x * (a^2 + x^2) ^(1/2)) /2 + (a^2 * log (x + (a^2 + x^2) ^(1/2))) /2,
( (3 * x + 1) ^(2/3) * (3 * x + 6)) /15,
(x^3 * asin (x)) /3 + ( (1 - x^2) ^(1/2) * (x^2 + 2)) /9]
```
由计算结果得到:

$$\int \sqrt{a^2 + x^2}\,\mathrm{d}x = \frac{x}{2}\sqrt{a^2 + x^2} + \frac{a^2}{2}\ln\left(x + \sqrt{a^2 + x^2}\right) + C$$

$$\int \frac{x + 1}{\sqrt[3]{3x + 1}}\mathrm{d}x = \frac{3x + 6}{15}\left(3x + 1\right)^{\frac{2}{3}} + C$$

$$\int x^2 \arcsin x \mathrm{d}x = \frac{x^3 \arcsin x}{3} + \frac{\sqrt{1 - x^2}\,(x^2 + 2)}{9} + C$$

例 2 – 34　设曲线通过点 $(\mathrm{e}^2, 3)$，且其上任一点处的切线斜率等于该点横坐标的倒数，求此曲线的方程。

由题意得 $y' = \frac{1}{x}$，所以 $y = \int \frac{1}{x}\,\mathrm{d}x$。输入如下命令:

```
syms x dy c;
dy = 1/x;
f = int (dy)
x0 = exp (2);
y0 = 3;
F = y - f - c;
c = solve (subs (F, [x, y], [x0, y0]))
```
输出结果:
```
f = log (x)
c = 1
```
因此，所求曲线为 $y = \ln x + 1$。

我们知道有些初等函数的原函数是不能用初等函数表示的，这类不定积分也就无法用初等函数或其值来表示，这时不定积分的结果就不能给出一个具体的初等函数的结果。

例 2 – 35　计算积分 $\int \dfrac{\sin x}{x}\mathrm{d}x$。

输入指令：

```
syms x;
F = int (sin (x) /x)
dF = diff (F, x)
```

输出结果：

```
F = sinint (x)
dF = sin (x) /x
```

给出的不定积分结果显示为函数 sinint(x)，这是一个什么函数呢？再输入寻求帮助的指令 help sinint，输出为：

```
SININT Sine integral function.
SININT (x) = int (sin (t) /t, t, 0, x).
See also cosint.
...
```

注意 MATLAB 求不定积分得到的结果中是不含常数的，需要自己加上任意常数 C。在了解一元函数求不定积分的命令之后，我们将进一步学习定积分的求法。

2.10　定积分与广义积分

首先回顾一下定积分和广义积分的定义：设函数 $f(x)$ 在 $[a, b]$ 上有定义，若对 $[a, b]$ 的任一种分割 $a = x_0 < x_1 < x_2 < \cdots < x_n = b$，令 $\Delta x_i = x_i - x_{i-1}$，任取 $\xi_i \in [x_{i-1}, x_i]$，只要 $\lambda = \max\limits_{1 \leqslant i \leqslant n} \{\Delta x_i\} \to 0$ 时，$\sum\limits_{i=1}^{n} f(\xi_i)\Delta x_i$ 的极限存在，则称 $f(x)$ 在 $[a, b]$ 上可积，此极限值称为函数 $f(x)$ 在 $[a, b]$ 上的定积分，记作 $\int_a^b f(x)\mathrm{d}x$，即

$$\int_a^b f(x)\mathrm{d}x = \lim_{\lambda \to 0} \sum_{i=1}^{n} f(\xi_i)\Delta x_i$$

广义积分分为无限区间上的广义积分和无界函数的广义积分，首先来看无限区间上的广义积分：

设 $f(x) \in C[a, +\infty)$，取 $b > a$，若 $\lim\limits_{b \to +\infty} \int_a^b f(x)\mathrm{d}x$ 存在，则称广义积分 $\int_a^{+\infty} f(x)\mathrm{d}x$ 存在或收敛，记作

$$\int_a^{+\infty} f(x)\mathrm{d}x = \lim_{b \to +\infty} \int_a^b f(x)\mathrm{d}x$$

如果上述极限不存在，则称 $\int_a^{+\infty} f(x)\mathrm{d}x$ 广义积分发散或不存在。类似地，若 $f(x) \in C(-\infty, b]$，则可以定义

$$\int_{-\infty}^{b} f(x)\,\mathrm{d}x = \lim_{a \to -\infty} \int_{a}^{b} f(x)\,\mathrm{d}x$$

若 $f(x) \in C(-\infty, +\infty)$，则定义

$$\int_{-\infty}^{+\infty} f(x)\,\mathrm{d}x = \lim_{a \to -\infty} \int_{a}^{c} f(x)\,\mathrm{d}x + \lim_{b \to +\infty} \int_{c}^{b} f(x)\,\mathrm{d}x$$

其中，c 为任意取定的常数。只要有一个极限不存在，就称 $\int_{-\infty}^{+\infty} f(x)\,\mathrm{d}x$ 发散。

再来看无界函数的广义积分：设 $f(x) \in C(a, b]$，而 $\lim\limits_{x \to a^{+}} f(x) = \infty$，即 $f(x)$ 在点 a 的右邻域内无界，若极限 $\lim\limits_{\xi \to a^{+}} \int_{\xi}^{b} f(x)\,\mathrm{d}x$ 存在，则称广义积分 $\int_{a}^{b} f(x)\,\mathrm{d}x$ 存在或收敛，记作

$$\int_{a}^{b} f(x)\,\mathrm{d}x = \lim_{\xi \to a^{4}} \int_{\xi}^{b} f(x)\,\mathrm{d}x$$

如果上述极限不存在，则称广义积分 $\int_{a}^{b} f(x)\,\mathrm{d}x$ 发散。

类似地，若 $f(x) \in C[a, b)$，而 $\lim\limits_{x \to b^{-}} f(x) = \infty$，则定义

$$\int_{a}^{b} f(x)\,\mathrm{d}x = \lim_{\eta \to b^{-}} \int_{a}^{\eta} f(x)\,\mathrm{d}x$$

若 $f(x)$ 在 $[a, b]$ 上除点 $c\,(a < c < b)$ 外处处连续，而在点 c 的邻域内无界，则定义

$$\int_{a}^{b} f(x)\,\mathrm{d}x = \int_{a}^{c} f(x)\,\mathrm{d}x + \int_{c}^{b} f(x)\,\mathrm{d}x$$

若等号右边的两个积分都收敛，则称广义积分收敛且

$$\int_{a}^{b} f(x)\,\mathrm{d}x = \lim_{\eta \to c^{-}} \int_{a}^{\eta} f(x)\,\mathrm{d}x + \lim_{\xi \to c^{+}} \int_{\xi}^{b} f(x)\,\mathrm{d}x$$

否则称广义积分发散。

运用 MATLAB 计算定积分和广义积分的命令为 int，调用格式为：

（1）计算定积分 $\int_{a}^{b} f(x)\,\mathrm{d}x$：int(f(x), a, b)。

（2）计算定积分 $\int_{a}^{b} f(x,y)\,\mathrm{d}x$：int(f(x, y), x, a, b)。

下面来看几个具体的例子。

例 2-36　计算 $\int_{0}^{\pi} \sin x\,\mathrm{d}x$。

输入指令：

```
syms x;
y = sin (x);
ezplot (y, [0, pi])
I = int (sin (x), 0, pi)
```

输出如图 2-21 所示图像。

$I = 2$。由计算结果得到

$$\int_{0}^{\pi} \sin x\,\mathrm{d}x = 2$$

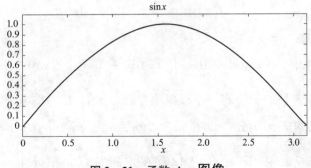

图 2 – 21　函数 sin$x$ 图像

例 2 – 37　计算 $\int_0^2 |x - 1| \mathrm{d}x$。

输入指令：

```
syms x;
y = abs (x-1);
ezplot (y, [0, 2])
int (abs (x-1), 0, 2)
```

输出如图 2 – 22 所示图像。

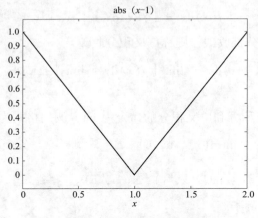

图 2 – 22　函数计算 $|x - 1|$ 图像

ans = 1。由计算结果得到

$$\int_0^2 |x - 1| \mathrm{d}x = 1$$

int( ) 还可以求变上下限的积分函数问题。

例 2 – 38　$I(x) = \int_{\cos x}^{\sin x} \cos t \mathrm{d}t$。

输入指令：

```
syms x t;
f = cos (t);
I = int (f, t, cos (x), sin (x))
```

输出为：

```
I = -sin (cos (x)) +sin (sin (x))
```

由计算结果得到：$I(x) = \int_{\cos x}^{\sin x} \cos t\, dt = \sin\sin x - \sin\cos x$ 。

int( ) 还可以求广义积分问题。

例 2-39　(1) $\int_{1}^{+\infty} \dfrac{1}{x^p}dx$ ；(2) $\int_{0}^{2} \dfrac{1}{(1-x)^2}dx$ ；(3) $\int_{-\infty}^{+\infty} e^{-x^2}dx$ 。

(1) 输入指令：

```
syms x p;
int (1/x^p, x, 1, inf)
```

输出为：

```
ans =
piecewise ( [1 < p,1/(p - 1)],[p < =1,Inf])
```

由计算结果得到：

$$\int_{1}^{+\infty} \frac{dx}{x^p} = \begin{cases} +\infty, & p \leq 1, \\ \dfrac{1}{p-1}, & p > 1. \end{cases}$$

(2) 输入程序：

```
syms x;
int (1/(1 -x) ^2, 0, 2)
```

输出为：

```
ans = inf
```

即 $\int_{0}^{2} \dfrac{1}{(1-x)^2}dx$ 不收敛。

(3) 输入程序：

```
syms x;
int (exp ( -x^2), -inf, inf)
```

输出为：

```
ans =pi^(1 /2)
```

即 $\int_{-\infty}^{+\infty} e^{-x^2}dx = \sqrt{\pi}$ 。

对于定积分和广义积分的应用问题，只要给出要求解的积分列式，就可以借助前面的方法进行计算。

2.11　数值积分

在实际问题中经常需要用到数值方法求积分的情形，比如：

(1) 被积函数的原函数不能用初等函数表示。

(2) 被积函数难以用公式表示，而是用图形或表格给出。

比较好的解决办法就是采用建立定积分的近似计算方法，也就是数值积分。

1. 矩形法

用分点 $a = x_0$，x_1，$\cdots$，$x_n = b$ 将区间 $[a, b]$ n 等分，取小区间左端点的函数值 $y_i (i = 0, 1, \cdots, n)$ 作为窄矩形的高，左矩形法数值积分示意图如图 2-23 所示。

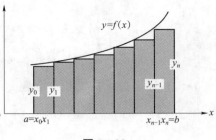

图 2-23

则有

$$\int_a^b f(x)\,dx \approx \sum_{i=1}^n y_{i-1} \Delta x = \frac{b-a}{n} \sum_{i=1}^n y_{i-1}$$

这个公式称为左矩形公式。

取右端点的函数值 $y_i (i = 1, 2, \cdots, n)$ 作为窄矩形的高，如图 2-24 所示。

则有

$$\int_a^b f(x)\,dx \approx \sum_{i=1}^n y_i \Delta x = \frac{b-a}{n} \sum_{i=1}^n y_i$$

这个公式称为右矩形公式。

2. 复化梯形法

复化梯形法就是在每个小区间上，以窄梯形的面积近似代替窄曲边梯形的面积，右矩形法数值积分示意图如图 2-25 所示。

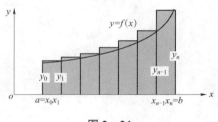

图 2-24

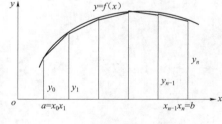

图 2-25

则有

$$\int_a^b f(x)\,dx \approx \frac{1}{2}(y_0 + y_1)\Delta x + \frac{1}{2}(y_1 + y_2)\Delta x +$$

$$\cdots + \frac{1}{2}(y_{n-1} + y_n)\Delta x$$

$$= \frac{b-a}{n}\left[\frac{1}{2}(y_0 + y_n) + y_1 + y_2 + \cdots + y_{n-1}\right]$$

在 MATLAB 中，用复化梯形法计算积分的命令就是 $z = \text{trapz}(x, y)$，其中，x 表示积分区间的离散化向量，y 是与 x 同维数的被积函数向量，z 返回积分的近似值。

例 2-40 求积分 $\int_0^1 e^{-x^2}\,dx$。

我们用积分区间的离散化向量求解。

输入程序：

```
x = 0 : 0.5 : 1;
```

```
y = exp ( -x.^2);
z = trapz (x, y)
```

输出为：

```
z = 0.7314
```

输入程序：

```
xx = 0：0.05：1;
yy = exp ( -xx.^2);
z = trapz (xx, yy)
```

输出为：

```
z = 0.7467
```

输入画图程序：

```
>> plot (x, y, 'r -o', xx, yy)
```

得到如图 2 - 26 所示图形。

3. Simpson（辛普森）公式（抛物线法）

f 在 $[a, b]$ 上积分的 Simpson 公式：用通过三点 $(a, f(a))$，$((a+b)/2, f((a+b)/2))$，$(b, f(b))$ 的抛物线围成的曲边梯形的面积来代替由 f 围成的曲边梯形的面积，由此获得积分的近似值，如图 2 - 27 所示。

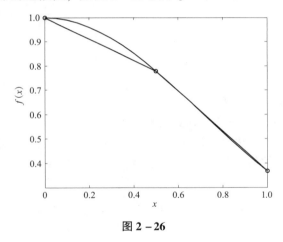

图 2 - 26

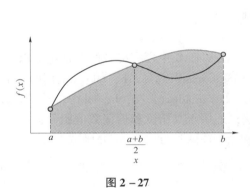

图 2 - 27

其对应公式为：

$$I(f) = \int_a^b f(x)\mathrm{d}x \approx \frac{h}{3}\left[f(a) + 4f\left(\frac{a+b}{2}\right) + f(b)\right]$$

$$h = \frac{b-a}{2}$$

下面介绍复化 Simpson 公式：将区间 $[a, b]$ 分为 n 等份，在每个小区间上采用 Simpson 公式，得到小区间上 f 积分的近似值。对每个小区间上积分的近似值求和，得到 f 在 $[a, b]$ 区间积分的近似值，如图 2 - 28 所示。

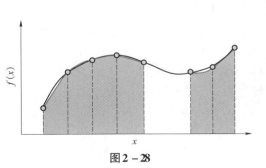

图 2 - 28

这就是复化 Simpson 公式：

$$I(f) = \int_a^b f(x)\,\mathrm{d}x$$

$$\approx \frac{h}{6}\sum_{k=0}^{n-1}\left[f(x_k) + 4f(x_{k+\frac{1}{2}}) + f(x_{k+1})\right], x_{k+\frac{1}{2}} = \frac{x_k + x_{k+1}}{2}$$

还可以考虑自适应复化 Simpson 公式。通常被积函数 f 在整个区间 $[a, b]$ 上的变化不是很均匀，如在某点附近函数变化非常急剧，而在其余地方的变化比较平缓。这种情况用等距剖分小区间的复合求积公式不是很合适。为了使积分既达到预定的精度又节省工作量，可以在函数变化急剧的部分增多节点，即子区间分得细，而在函数变化平缓的地方减少节点，即子区间分得大，这个方法称为自适应积分法。自适应 Simpson（辛普森）方法的 MATLAB 的命令为：

$$z = \text{quad}\,(f,\ a,\ b,\ tol)$$

其中，f 为被积函数；a 为积分下限；b 为积分上限；tol 为计算精度，缺省为 0.001。调用 quad 函数时，注意先要建立一个描述被积函数的函数文件或语句函数。

例 2 – 41　用自适应 Simpson（辛普森）方法求积分 $\int_{-1}^{1} \mathrm{e}^{-x^2}\,\mathrm{d}x$，其高精度近似值为 1.493 648 26。

使用语句函数（内联函数）

输入程序：

```
g = inline ('exp ( -x. ^2) ');
z = quad (g, -1, 1)
```

则输出为：

```
z = 1.49364826
```

MATLAB 中还有另外两个常用的求数值积分的函数：

（1）z = quadl(f, a, b, tol)：采用的数值积分方法是自适应复化 Lobatto 数值积分法。

（2）z = quadgk(f, a, b, tol)：采用的数值积分方法是自适应复化 Gauss – Kronrod 数值积分法，适用于高精度和振荡数值积分，以及广义数值积分。

上述两种方法与 quad 函数类似。

例 2 – 42　用数值积分法求 $\int_0^1 \frac{4}{1 + x^2}\,\mathrm{d}x$（高精度近似值为 3.141 592 653 589 793）。

输入指令：

```
n = 100;
x = linspace (0, 1, n);
y = 4. /(1 + x. ^2);
jxl = sum (y (1: (n -1))). /n
jxr = sum (y (2: n)). /n
tx = trapz (x, y)
```

输出为：

```
jxl =   3.1201
jxr =   3.1001
tx =   3.1415
```

其中，jxl 是左矩形法的计算结果，jxr 是右矩形法的计算结果，tx 是复化梯形法的计算结果。我们还可以采用前面讲过的自适应复化 Simpson 方法、自适应复化 Lobatto 数值积分法和自适应复化 Gauss – Kronrod 数值积分法进行求解。

输入程序：

```
>> clear;
   g = inline ('4. /(1 + x. ^2) ');
quad (g, 0, 1)
quadl (g, 0, 1)
```

得到：

```
ans = 3.141592682924567
ans = 3.141592707032192
```

输入程序：

```
>> g = @ (x) 4. /(1 + x. ^2);
quadgk (g, 0, 1)
```

得到：

```
ans = 3.141592653589794
```

下面考虑用数值积分计算广义积分。

例 2 – 43　用数值积分法求广义积分：

$$(1) \int_{1}^{+\infty} \frac{1}{x^2} dx ; (2) \int_{-\infty}^{+\infty} e^{-x^2} dx ; (3) \int_{1}^{e} \frac{1}{x \sqrt{1 - (\ln x)^2}} dx 。$$

这里采用自适应复化 Gauss – Kronrod 数值积分法进行求解。输入程序：

```
>> clear;
f1 = @ (x) 1. /(x. ^2);
i1 = quadgk (f1, 1, inf)
f2 = @ (x) exp ( -x. ^2);
i2 = quadgk (f2, -inf, +inf)
f3 = @ (x) 1. /(x. * sqrt (1 -log (x). ^2));
i3 = quadgk (f3, 1, exp (1))
```

输出结果：

```
i1 =     1
i2 =   1.772453850780313
i3 =   1.570796326795582
```

数值积分的计算速度要比用符号计算积分快很多，所以在实际应用中，可以根据需要选用。

2.12　重积分

下面先给出重积分的定义：设函数 f 是平面或空间有界区域 Ω 上的有界函数，将区域 Ω 任意分成 n 个小区域 $\Delta\Omega_1$，$\Delta\Omega_2$，$\Delta\Omega_n$，其中 $\Delta\Omega_k$ 表示第 k 个小区域，也表示它的度量（面积或体积），在每个小区域 $\Delta\Omega_k$ 上任取一点 P_k，做和式：

$$\sum_{k=1}^{n} f(P_k)\Delta\Omega_k$$

当小区域直径的最大值 $\lambda\to 0$ 时，上述和式的极限存在，即 $\lim\limits_{\lambda\to 0}\sum\limits_{k=1}^{n} f(P_k)\Delta\Omega_k$ 存在，则称 f 在区域 Ω 上可积，称极限值为 f 在 Ω 上的重积分。

当 Ω 表示平面区域 D，f 为二元函数 $f(x,y)$ 时，上述极限值为二重积分，记作

$$\iint_D f(x,y)\,\mathrm{d}\sigma = \lim_{\lambda\to 0}\sum_{k=1}^{n} f(\xi_k,\eta_k)\Delta\sigma_k$$

当 Ω 表示空间区域 V，f 为三元函数 $f(x,y,z)$ 时，上述极限值为三重积分，记作

$$\iiint_\Omega f(x,y,z)\,\mathrm{d}V = \lim_{\lambda\to 0}\sum_{k=1}^{n} f(\xi_k,\eta_k,\zeta_k)\Delta v_k$$

重积分的计算一般转化为多次积分来计算，首先来看直角坐标系下二重积分的计算。若积分区域 D 为 X—型，即可用下面形式表示：

$$D = \{(x,y)\,|\,a\leqslant x\leqslant b, y_1(x)\leqslant y\leqslant y_2(x)\}$$

则二重积分可以化为下面的二次积分：

$$\iint_D f(x,y)\,\mathrm{d}x\mathrm{d}y = \int_a^b \mathrm{d}x\int_{y_1(x)}^{y_2(x)} f(x,y)\,\mathrm{d}y$$

如图 2－29 所示。

若积分区域 D 为 Y—型，即可用下面形式表示：

$$D = \{(x,y)\,|\,c\leqslant y\leqslant d, x_1(y)\leqslant x\leqslant x_2(y)\}$$

则二重积分可以化为下面的二次积分：

$$\iint_D f(x,y)\,\mathrm{d}x\mathrm{d}y = \int_c^d \mathrm{d}y\int_{x_1(y)}^{x_2(y)} f(x,y)\,\mathrm{d}x$$

如图 2－30 所示。

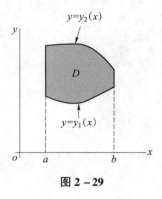

图 2－29

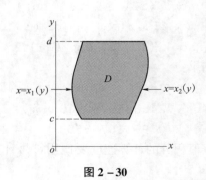

图 2－30

下面考虑极坐标系下二重积分的计算。极坐标与直角坐标的关系为：

$$\begin{cases} x = \rho\cos\theta, \\ y = \rho\sin\theta \end{cases}$$

则直角坐标系下的二重积分可以转化为极坐标系下的二重积分：

$$\iint_D f(x,y)\,\mathrm{d}\sigma = \int_D f(\rho\cos\theta,\rho\sin\theta)\rho\,\mathrm{d}\rho\,\mathrm{d}\theta$$

若积分区域为 $D = \{(\rho,\ \theta)\,|\,\alpha \leqslant \theta \leqslant \beta,\ \rho_1(\theta) \leqslant \rho \leqslant \rho_2(\theta)\}$，则极坐标系下的二重积分可以转化为二次积分：

$$\iint_D f(\rho\cos\theta,\rho\sin\theta)\rho\,\mathrm{d}\rho\,\mathrm{d}\theta = \int_\alpha^\beta \mathrm{d}\theta \int_{\rho_1(\theta)}^{\rho_2(\theta)} f(\rho\cos\theta,\rho\sin\theta)\rho\,\mathrm{d}\rho$$

现在考虑直角坐标系下三重积分的计算，若积分区域 V 为 Z—型区域，即可用下面形式表示：

$$V:\ \begin{cases}(x,\ y) \in D_{xy}, \\ z_1(x,\ y) \leqslant z \leqslant z_2(x,\ y)\end{cases}$$

其中，投影区域：

$$D_{xy}:\ \begin{cases}a \leqslant x \leqslant b, \\ y_1(x) \leqslant y \leqslant y_2(x)\end{cases}$$

积分区域如图 2-31 所示。则三重积分可以转化为三次积分：

$$\iiint_V f(x,y,z)\,\mathrm{d}x\mathrm{d}y\mathrm{d}z = \int_a^b \mathrm{d}x \int_{y_1(x)}^{y_2(x)} \mathrm{d}y \int_{z_1(x,y)}^{z_2(x,y)} f(x,y,z)\,\mathrm{d}z$$

其他形式的积分区域也可类似转化为相应的多次积分形式。

下面考虑在柱坐标系下三重积分的计算，首先柱坐标和直角坐标的关系为：

$$\begin{cases}x = \rho\cos\theta, \\ y = \rho\sin\theta, \\ z = z\end{cases}$$

则三重积分可以转化为三次积分：

$$\iiint_V f(x,y,z)\,\mathrm{d}x\mathrm{d}y\mathrm{d}z = \int_\alpha^\beta \mathrm{d}\theta \int_{\rho_1(\theta)}^{\rho_2(\theta)} \mathrm{d}\rho \int_{z_1(\rho,\theta)}^{z_2(\rho,\theta)} \rho f(\rho\cos\theta,\rho\sin\theta,z)\,\mathrm{d}z$$

继续考虑在球坐标系下三重积分的计算，球坐标和直角坐标的关系为：

$$\begin{cases}x = r\sin\phi\cos\theta, \\ y = r\sin\phi\sin\theta, \\ z = r\cos\phi\end{cases}$$

则三重积分可以转化为三次积分：

$$\iiint_V f(x,y,z)\,\mathrm{d}x\mathrm{d}y\mathrm{d}z = \iiint_V f(r\sin\phi\cos\theta,r\sin\phi\sin\theta,r\cos\phi)\,r^2\sin\phi\,\mathrm{d}r\mathrm{d}\phi\mathrm{d}\theta$$

$$= \int_{\theta_1}^{\theta_2}\mathrm{d}\theta \int_{\varphi_1}^{\phi_2}\mathrm{d}\phi \int_{r_1}^{r_2} f(r\sin\phi\cos\theta,r\sin\phi\sin\theta,r\cos\phi)\,r^2\sin\phi\,\mathrm{d}r$$

当多重积分转化为多次积分后，就可以利用 MATLAB 中的积分命令 int( ) 进行嵌套来计算多次积分了，下面来看几个具体的二重和三重积分的例子。

例 2-44　计算积分 $\iint_D y\sqrt{1+x^2-y^2}\,\mathrm{d}\sigma$，其中 D 由 $y=x$，$x=-1$，$y=1$ 围成。

积分区域如图 2-32 所示。

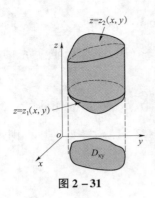

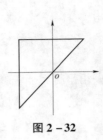

图 2－31 图 2－32

积分区域可以写为：
$$D = \{(x, y) \mid -1 \leqslant x \leqslant 1, \ x \leqslant y \leqslant 1\}$$

二重积分可以写为二次积分：
$$\iint_D y\sqrt{1 + x^2 - y^2}\,\mathrm{d}\sigma = \int_{-1}^{1}\mathrm{d}x\int_{x}^{1}y\sqrt{1 + x^2 - y^2}\,\mathrm{d}y$$

输入指令：
```
syms x y;
int (int (y * sqrt (1 + x^2 - y^2), y, x, 1), x, -1, 1)
```
输出为：
```
ans =1/2
```
即积分值为 $\dfrac{1}{2}$。

例 2－45 计算积分 $\displaystyle\iint_D \sin y^2 \,\mathrm{d}x\mathrm{d}y$，其中 D 由 $x = 0$，$y = 1$，$y = x$ 围成，如图 2－33 所示。

对 y 不能积分，所以先对 x 求积分，积分区域写为：
$$D = \{(x, y) \mid 0 \leqslant y \leqslant 1, \ 0 \leqslant x \leqslant y\}$$

二重积分可以写为二次积分：
$$\iint_D \sin y^2\,\mathrm{d}x\mathrm{d}y = \int_0^1 \mathrm{d}y \int_0^y \sin y^2\,\mathrm{d}x$$

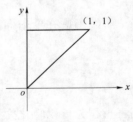

图 2－33

输入指令：
```
syms x y;
int (int (sin (y^2), x, 0, y), y, 0, 1)
```
输出为：
```
ans =1/2 -1/2 * cos (1)
```
即计算结果为：
$$\iint_D \sin y^2\,\mathrm{d}x\mathrm{d}y = \frac{1}{2} - \frac{1}{2}\cos 1$$

若对这个例题运用另一种积分顺序来积分，即将二次积分写成：
$$\iint_D \sin y^2\,\mathrm{d}x\mathrm{d}y = \int_0^1 \mathrm{d}x \int_x^1 \sin y^2\,\mathrm{d}y$$

则将得到和前面不一样的计算结果。

输入指令：

```
syms x y;
int (int (sin (y^2), y, x, 1), x, 0, 1)
```

输出为：

```
ans =
-1/12 *hypergeom ( [3/4,1], [3/2,7/4,2], -1/4) +1/2 *FresnelS (2
^(1/2) /pi^(1/2)) *2^(1/2) *pi^(1/2)
```

这时的结果含有高斯超几何函数 hypergeom( ) 和正弦积分函数 FresnelS( )，也就是说，按照这种积分顺序是无法将内层积分的原函数用初等函数表示的，所以最终积分结果不是一个具体数。

例 2 – 46　求积分 $\iint_{x^2+y^2\leqslant 1} \sin[\pi(x^2+y^2)]\mathrm{d}x\mathrm{d}y$。

积分区域可用不等式表示成：

$$-1 \leqslant x \leqslant 1, -\sqrt{1-x^2} \leqslant y \leqslant \sqrt{1-x^2}$$

二重积分可化为二次积分：

$$\int_{-1}^{1}\mathrm{d}x\int_{-\sqrt{1-x^2}}^{\sqrt{1-x^2}}\sin[\pi(x^2+y^2)]\mathrm{d}y$$

输入命令：

```
syms x y;
int (int (sin (pi * (x^2 +y^2)), y, -sqrt (1 -x^2), sqrt (1 -x^2)),
x, -1, 1)

Warning: Explicit integral could not be found.
> In sym. int at 58
```

输出为：

```
ans =
int (2^(1/2) *cos (pi *x^2) *FresnelS ( (1 -x^2) ^(1/2) *2^(1/2)) +
2^(1/2) *sin (pi *x^2) *FresnelC ( (1 -x^2) ^(1/2) *2^(1/2)), x =
-1 ..1)
```

结果中仍带有 int，表明 MATLAB 求不出这一积分，所以采用极坐标将其化为二次积分：

$$\int_0^{2\pi}\mathrm{d}\theta\int_0^1 r\sin(\pi r^2)\mathrm{d}r$$

输入命令：

```
syms r a;
int (int (r * sin (pi *r^2), r, 0, 1), a, 0, 2 *pi)
```

输出为：

```
ans =2
```

例 2 – 47　计算 $\iiint_{\Omega} x\mathrm{d}x\mathrm{d}y\mathrm{d}z$，其中 Ω 为三个坐标面及平面 $x+2y+z=1$ 所围成的闭区

域，如图 2-34 所示。

积分转变为 $\iiint_\Omega x\mathrm{d}x\mathrm{d}y\mathrm{d}z = \int_0^1 \mathrm{d}x \int_0^{\frac{1}{2}(1-x)} \mathrm{d}y \int_0^{1-x-2y} x\mathrm{d}z$。

输入指令：

```
syms x y z;
int (int (int (x, z, 0, 1 - x - 2 * y), y, 0, 0.5 * (1 - x)), x, 0, 1)
```

输出为：

```
ans = 1/48
```

例 2-48　计算 $\iiint_\Omega \dfrac{xy}{\sqrt{z}}\mathrm{d}x\mathrm{d}y\mathrm{d}z$，其中，$\Omega$ 为锥面 $x^2 + y^2 = z^2$ 及平面 $z = 1$ 所围区域第一卦限部分，如图 2-35 所示。

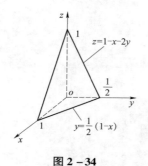

图 2-34　　　　　　　　　　图 2-35

解 1　采用柱坐标计算：

$$\iiint_\Omega \frac{xy}{\sqrt{z}}\mathrm{d}x\mathrm{d}y\mathrm{d}z = \int_0^{\frac{\pi}{2}}\mathrm{d}\theta \int_0^1 \mathrm{d}\rho \int_\rho^1 \rho^3 \sin\theta\cos\theta \frac{1}{\sqrt{z}}\mathrm{d}z$$

输入指令：

```
syms st ro z;
int (int (int (ro^3 * sin (st) * cos (st) /sqrt (z), z, ro, 1), ro, 0,
1), st, 0, pi/2)
```

输出为：

```
ans = 1/36
```

解 2　采用球坐标计算：

$$\iiint_\Omega \frac{xy}{\sqrt{z}}\mathrm{d}x\mathrm{d}y\mathrm{d}z = \int_0^{\frac{\pi}{2}}\mathrm{d}\theta \int_0^{\frac{\pi}{4}}\mathrm{d}\varphi \int_0^{\frac{1}{\cos\varphi}} r^3 \sin^4\varphi\sin\theta\cos\theta \frac{1}{\sqrt{r\cos\varphi}}\mathrm{d}r$$

输入指令：

```
syms st ph r;
int (int (int (r^4 * sin (ph) ^3 * sin (st) * cos (st) /sqrt (r * cos (ph)),
r, 0, 1/cos (ph)), ph, 0, pi/4), st, 0, pi/2)
```

输出为：

```
ans = 1/36
```

重积分也可以利用 MATLAB 做数值积分，一种方法是利用一元函数数值积分做嵌套运算，还有一种是利用重积分数值积分命令 dblquad( )，triplequad( ) 等。其中，命令 z = dblquad (f, a, b, c, d) 可求得矩形区域 $f(x, y)$ 的重积分，其中 a, b 为变量 x 的积分下、上限；c, d 为变量 y 的积分下、上限。

使用命令 z = triplequad（fun, a, b, c, d, e, f）求得三元函数 fun(x, y, z) 在长方体区域的重积分，其中，a, b 为变量 x 的积分下、上限；c, d 为变量 y 的积分下、上限；e, f 为变量 z 的积分下、上限。

例 2 – 49　计算重积分 $\int_0^2 \mathrm{d}x \int_{-2}^2 x\exp(x^2 + y^2)\,\mathrm{d}y$。

输入指令：

```
fun = inline ('x. * exp (x. ^2 + y. ^2) ', 'x', 'y')
dblquad (fun, 0, 2, -2, 2)
```

输出为：

```
ans =
8. 818304115675463e + 002
```

例 2 – 50　计算重积分 $\int_0^\pi \mathrm{d}x \int_0^1 \mathrm{d}y \int_{-1}^1 (y\sin x + z\cos x)\,\mathrm{d}z$。

输入指令：

```
fun = inline ('y. * sin (x) + z. * cos (x) ', 'x', 'y', 'z')
triplequad (fun, 0, pi, 0, 1, -1, 1)
```

输出为：

```
ans =
1. 999999994362637
```

对于多重积分的问题，重要的是掌握一元积分的嵌套方法。

2.13　曲线积分

曲线积分有两种，分别称为第一类曲线积分和第二类曲线积分，其求解方法都是转化为一元函数的积分进行求解。

第一类曲线积分定义：如图 2 – 36 所示，曲线 L 是光滑或逐段光滑的曲线，$f(x, y, z)$ 为定义在曲线 L 上的有界函数，用分点 M_0，M_1，M_2，$\cdots$，M_{n-1}，M_n 把 L 分割成 n 个小段，设第 k 个小段的长度为 Δl_k，记 $\lambda = \max\limits_{1 \leqslant k \leqslant n} \Delta l_k$，又 $P_k(\xi_k, \eta_k, \zeta_k)$ 为第 k 个小段上任意取定的一点，若对任意的分割和任意的取点 P_k，则下列极限存在：

$$\lim_{\lambda \to 0} \sum_{k=1}^n f(\xi_k, \eta_k, \zeta_k) \cdot \Delta l_k$$

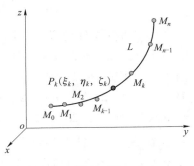

图 2 – 36

称此极限为 $f(x, y, z)$ 在 L 上对弧长的曲线积分，记作 $\int_L f(x,y,z)\mathrm{d}l$（也称 f 在 L 上的第一类曲线积分）。

现在考虑第一类曲线积分的计算：

1）L 为空间曲线

（1）L 为参数方程 $\begin{cases} x = x(t), \\ y = y(t), \alpha \leqslant t \leqslant \beta, \\ z = z(t), \end{cases}$ 则

$$\int_L f(x,y,z)\mathrm{d}l = \int_\alpha^\beta f(x(t),y(t),z(t)) \sqrt{x'^2(t) + y'^2(t) + z'^2(t)}\,\mathrm{d}t$$

其中

$$\mathrm{d}l = \sqrt{x'^2(t) + y'^2(t) + z'^2(t)}\,\mathrm{d}t$$

（2）如果曲线 L 为一般方程 $\begin{cases} F(x, y, z) = 0, \\ G(x, y, z) = 0, \end{cases}$ 则将 L 化为参数方程（参数为 x，y，z 中任一个），再利用（1）的方法即可。

2）L 为平面曲线

（1）L 为参数方程 $\begin{cases} x = x(t), \\ y = y(t), \end{cases} \alpha \leqslant t \leqslant \beta$，则

$$\int_L f(x,y)\mathrm{d}l = \int_\alpha^\beta f(x(t),y(t)) \sqrt{x'^2(t) + y'^2(t)}\,\mathrm{d}t$$

（2）曲线 L 方程为 $y = y(x)$，$a \leqslant x \leqslant b$，则

$$\int_L f(x,y)\mathrm{d}l = \int_a^b f(x,y(x)) \sqrt{1 + y'^2(x)}\,\mathrm{d}x$$

（3）曲线 L 方程为 $L\colon x = x(y)$，$c \leqslant y \leqslant d$，则

$$\int_L f(x,y)\mathrm{d}l = \int_c^d f(x(y),y) \sqrt{1 + x'^2(y)}\,\mathrm{d}y$$

（4）曲线 L 为极坐标方程 $\rho = \rho(\theta)$，$\alpha \leqslant \theta \leqslant \beta$，则

$$\mathrm{d}l = \sqrt{x'^2(\theta) + y'^2(\theta)}\,\mathrm{d}\theta = \sqrt{\rho'^2(\theta) + \rho^2(\theta)}\,\mathrm{d}\theta$$

故

$$\int_L f(x,y)\mathrm{d}l = \int_\alpha^\beta f(\rho(\theta)\cos\theta,\rho(\theta)\sin\theta) \sqrt{\rho^2(\theta) + \rho'^2(\theta)}\,\mathrm{d}\theta$$

第二类曲线积分定义：如图 2-37 所示，设曲线 L 是空间从点到点的有向光滑曲线，$X(x, y, z)$ 是定义在 L 上的有界函数，把 $L(AB)$ 任意分割成 n 个有向小弧段 $M_k M_{k+1}$（$k = 1$，2，$\cdots$，n），Δl_k 表示 $M_k M_{k+1}$ 的长度，记 $\lambda = \max\limits_{1 \leqslant k \leqslant n} \{\Delta l_k\}$，$\Delta x_k$，$\Delta y_k$，$\Delta z_k$ 分别是有向弧段 $M_k M_{k+1}$ 在 x、y、z 轴上的投影，在 $M_k M_{k+1}$ 上任取一点 (ξ_k, η_k, ζ_k)，若下列和式极限存在：

$$\lim_{\lambda \to 0} \sum_{k=1}^n X(\xi_k,\eta_k,\zeta_k)\Delta x_k$$

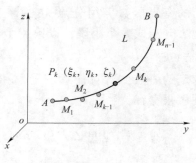

图 2-37

则称此极限为 $X(x,y,z)$ 沿曲线 L 从 A 到 B 的对 x 坐标的曲线积分，记作 $\int_L X(x,y,z)\mathrm{d}x$，也称为第二类曲线积分。

第二类曲线积分的计算：

1）曲线 L（AB）为空间曲线

（1）设其参数方程为 $\begin{cases} x = x(t), \\ y = y(t), \\ z = z(t), \end{cases}$ 点 A 对应 $t = \alpha$，点 B 对应 $t = \beta$，$x'(t)$，$y'(t)$，$z'(t)$ 在

$[\alpha, \beta]$ 上连续，且不全为零，则 $\mathrm{d}x = x'(t)\mathrm{d}t$，

$$\int_L X(x,y,z)\mathrm{d}x = \int_\alpha^\beta X(x(t),y(t),z(t))x'(t)\mathrm{d}t$$

$$\int_L Y(x,y,z)\mathrm{d}y = \int_\alpha^\beta Y(x(t),y(t),z(t))y'(t)\mathrm{d}t$$

$$\int_L Z(x,y,z)\mathrm{d}z = \int_\alpha^\beta Z(x(t),y(t),z(t))z'(t)\mathrm{d}t$$

注意：积分下限 α 是起点 A 对应的参数，积分上限 β 是终点 B 对应的参数。

（2）若曲线 L 方程为 $\begin{cases} F(x, y, z) = 0, \\ G(x, y, z) = 0, \end{cases}$ 则将 L 化为参数方程（参数为 x，y，z 中任一个），再利用（1）的方法即可。

2）曲线 $L(AB)$ 为平面曲线

（1）其参数方程为 $\begin{cases} x = x(t), \\ y = y(t), \end{cases}$ 点 A 对应 $t = \alpha$，点 B 对应 $t = \beta$，则

$$\int_L X(x,y)\mathrm{d}x = \int_\alpha^\beta X(x(t),y(t))x'(t)\mathrm{d}t$$

$$\int_L Y(x,y)\mathrm{d}y = \int_\alpha^\beta Y(x(t),y(t))y'(t)\mathrm{d}t$$

（2）曲线 $L: y = y(x)$，点 A 对应 $x = a$，点 B 对应 $x = b$，则可将其方程看作特殊的参数方程：$\begin{cases} x = x, \\ y = y(x), \end{cases}$ 则

$$\int_L X(x,y)\mathrm{d}x = \int_a^b X(x,y(x))\mathrm{d}x$$

$$\int_L Y(x,y)\mathrm{d}y = \int_a^b Y(x,y(x))y'(x)\mathrm{d}x$$

第一类曲线积分和第二类曲线积分转化为一元函数的积分后就可以利用一元积分的方法，利用 MATLAB 进行求解。

例 2-51 求 $I = \int_\Gamma xyz\mathrm{d}l$，其中 Γ 为 $x = a\cos\theta, y = a\sin\theta, z = k\theta$ 的一段（$0 \leqslant \theta \leqslant 2\pi$）。

因为

$$\mathrm{d}l = \sqrt{x'^2(\theta) + y'^2(\theta) + z'^2(\theta)}\,\mathrm{d}\theta = \sqrt{a^2 + k^2}\,\mathrm{d}\theta$$

所以

$$I = \int_0^{2\pi} a^2\cos\theta\sin\theta \cdot k\theta \, \sqrt{a^2 + k^2}\,\mathrm{d}\theta = \frac{a^2 k \, \sqrt{a^2 + k^2}}{2} \int_0^{2\pi} \theta\sin(2\theta)\,\mathrm{d}\theta$$

输入命令：

```
syms st ;
int (st * sin (2 * st), 0, 2 * pi)
```

则输出为：

```
ans = - pi
```

由此可得

$$I = -\frac{1}{2}\pi ka^2 \sqrt{a^2 + k^2}$$

例 2 - 52 计算摆线 $\begin{cases} x = a(t - \sin t), \\ y = a(1 - \cos t) \end{cases}$ 的一拱（$0 \leqslant t \leqslant 2\pi$）的长度。

弧长

$$s = \int_L dl = \int_0^{2\pi} \sqrt{x'^2(t) + y'^2(t)} \, dt$$

输入命令：

```
syms t a;
x = a * (t - sin (t)); y = a * (1 - cos (t));
s = int (sqrt (diff (x, t) ^2 + diff (y, t) ^2), 0, 2 * pi)
```

输出为：

```
s = 8 * a * csgn (a)
```

其中，csgn（a）是 a 的符号函数，即若 a 大于零则为 1，小于零则为 -1。

即

$$s = 8 |a|$$

对于曲线积分问题，我们只要给出要求解的积分列式，实际上就转化为一元定积分的问题了。

2.14 曲面积分

曲面积分有两种，分别称为第一类曲面积分和第二类曲面积分，其求解方法都是转化为二元函数的积分进行求解。

第一类曲面积分的定义：如图 2 - 38 所示，S 为空间一光滑曲面，函数 $f(x, y, z)$ 在曲面 S 上有界，把 S 任意分割成 n 个小曲面，设第 k 个小区面的面积为 ΔS_k，记 $\lambda = \max\limits_{1 \leqslant k \leqslant n} \{\Delta S_k$ 的直径$\}$，又 $P_k(\xi_k, \eta_k, \zeta_k)$ 为第 k 个小区面上任意取定的一点，若对任意的分割和任意的取点 P_k，下列和式的极限存在：

$$\lim_{\lambda \to 0} \sum_{k=1}^n f(\xi_k, \eta_k, \zeta_k) \cdot \Delta S_k$$

则称此极限为 $f(x, y, z)$ 在曲面 S 上对面积的曲面积分，或者在 S 上的第一类曲面积分，记作

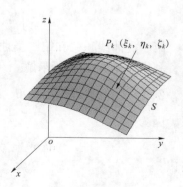

图 2 - 38

$$\iint_S f(x,y,z)\,\mathrm{d}S$$

其中，曲面 S 称为积分曲面，$\mathrm{d}S$ 为曲面面积元素。

第一类曲面积分的计算：

设曲面 S 的方程为 $z = z(x,\ y)$，投影区域 $D_{xy}:(x,\ y) \in D_{xy}$，则

$$\iint_S f(x,y,z)\,\mathrm{d}S = \iint_{D_{xy}} f(x,y,z(x,y))\ \sqrt{1 + z_x'^2 + z_y'^2}\,\mathrm{d}\sigma$$

其中

$$\mathrm{d}S = \sqrt{1 + z_x'^2 + z_y'^2}\,\mathrm{d}\sigma$$

第二类曲面积分定义：假设 S 是光滑的有向曲面，$Z(x,\ y,\ z)$ 是曲面 S 上的有界函数，把曲面 S 任意分割成 n 个有向小曲面 $\Delta S_k(k = 1,\ 2,\ \cdots,\ n)$，设第 k 个小曲面的面积为 ΔS_k，记 $\lambda = \max\limits_{1 \leqslant k \leqslant n} \{\Delta S_k \text{ 的直径}\}$，又 $P_k(\xi_k,\ \eta_k,\ \zeta_k)$ 为第 k 个小曲面上任意取定的一点，曲面在 P_k 处的单位法向量为 $\boldsymbol{n}^0 = \{\cos\alpha,\ \cos\beta,\ \cos\gamma\}$，记有向小曲面 ΔS_k 在 xOy 面上的有向投影为 $\Delta\sigma_{kxy}$，即 $\Delta S_k\cos\gamma = \Delta\sigma_{kxy}$。若对任意的分割和任意的取点 P_k 下列和式的极限存在：

$$\lim_{\lambda \to 0} \sum_{k=1}^{n} Z(\xi_k, \eta_k, \zeta_k)\Delta\sigma_{kxy}$$

则称此极限 $Z(x,y,z)$ 为在曲面 S 上按给定侧对坐标的曲面积分，或第二类曲面积分，记作

$$\iint_S Z(x,y,z)\,\mathrm{d}x\mathrm{d}y$$

第二类曲面积分计算：

若曲面 $S:z = z(x,\ y)$，S 在 xOy 面上的投影区域为 D_{xy}，取上侧（$\cos\gamma > 0$），

$$\iint_{S_\perp} Z(x,y,)\,\mathrm{d}x\mathrm{d}y = +\iint_{D_{xy}} Z(x,y,z(x,y))\,\mathrm{d}x\mathrm{d}y$$

取下侧（$\cos\gamma < 0$），

$$\iint_{S_\top} Z(x,y,z)\,\mathrm{d}x\mathrm{d}y = \iint_{D_{xy}} Z(x,y,z(x,y))\,\mathrm{d}x\mathrm{d}y$$

对于投影到其他坐标面的情况也是类似处理的，总结如下：

（1）若曲面 $S:z = z(x,\ y)$，S 在 xOy 面上的投影区域为 D_{xy}：

$$\iint_{S_\top} Z(x,y,z)\,\mathrm{d}x\mathrm{d}y = \pm\iint_{D_{xy}} Z(x,y,z(x,y))\,\mathrm{d}x\mathrm{d}y$$

上侧为正，下侧为负。

（2）若曲面 $S:y = y(z,\ x)$，S 在 zOx 面上的投影区域为 D_{xy}：

$$\iint_S Y(x,y,z)\,\mathrm{d}z\mathrm{d}x = \pm\iint_{D_{zx}} Y(x,y(z,x),z)\,\mathrm{d}z\mathrm{d}x$$

右侧为正，左侧为负。

（3）若曲面 $S:x = x(y,\ z)$，S 在 yOz 面上的投影区域为 D_{xy}：

$$\iint_S X(x,y,z)\,\mathrm{d}y\mathrm{d}z = \pm\iint_{D_{yz}} X(x(y,z),y,z)\,\mathrm{d}y\mathrm{d}z$$

前侧为正，后侧为负。

第一类曲面积分和第二类曲面积分转化为二元函数的积分后就可以利用二元积分的方

法，利用 MATLAB 进行求解了。

例 2 – 53　计算 $I = \iint_S (2x + y + 2z)\mathrm{d}S$，$S$ 为平面 $x + y + z = 1$ 在第一卦限部分，如图 2 – 39 所示。

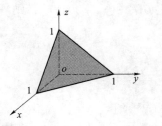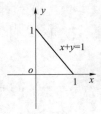

图 2 – 39

这是第一类曲面积分，因为 S 的方程为：

$$z = 1 - x - y$$

所以

$$\sqrt{1 + z'^2_x + z'^2_y} = \sqrt{3}$$

因此

$$\mathrm{d}S = \sqrt{3}\,\mathrm{d}x\mathrm{d}y$$

投影区域为：

$$D_{xy} : \begin{cases} 0 \leq x \leq 1, \\ 0 \leq y \leq 1 - x_。 \end{cases}$$

故积分：

$$I = \iint_{D_{xy}} [2x + y + 2(1 - x - y)]\sqrt{3}\,\mathrm{d}x\mathrm{d}y = \sqrt{3}\iint_{D_{xy}}(2 - y)\mathrm{d}x\mathrm{d}y$$

输入命令：

```
syms x y;
sqrt (3) *int (int (2 -y, y, 0, 1-x), x, 0, 1)
```

输出为：

```
ans =5/6 *3^(1/2)
```

由结果可得：

$$I = \iint_S (2x + y + 2z)\mathrm{d}S = \frac{5}{6}\sqrt{3}$$

例 2 – 54　计算 $\iint_S z\mathrm{d}x\mathrm{d}y + x\mathrm{d}y\mathrm{d}z + y\mathrm{d}z\mathrm{d}x$，其中，$S$ 是 $x^2 + y^2 = 1$ 被平面 $z = 0$ 和 $z = 3$ 所截得的在第一卦限的部分，取外侧，如图 2 – 40 所示。

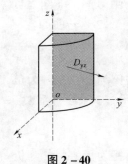

如图 2 – 40 所示，S 在 xOy 平面上的投影为零 $\iint_S z\mathrm{d}x\mathrm{d}y = 0$，对 $\iint_S x\mathrm{d}y\mathrm{d}z$，$S$ 在 yOz 平面上的投影为 $D_{yz} : \begin{cases} 0 \leq y \leq 1, \\ 0 \leq z \leq 3, \end{cases}$ S 的方程为 $x =$

图 2 – 40

$\sqrt{1-y^2}$，S 的外侧即前侧（$\cos\alpha > 0$）：

$$\iint_S x\mathrm{d}y\mathrm{d}z = +\iint_{D_{yz}} \sqrt{1-y^2}\,\mathrm{d}y\mathrm{d}z = \iint_0^3 \mathrm{d}z \int_0^1 \sqrt{1-y^2}\,\mathrm{d}y$$

输入命令：

```
syms y z;
int (int (sqrt (1-y^2), y, 0, 1), z, 0, 3)
```

输出为：

```
ans =3/4 * pi
```

同样可以得出第三项的值，故积分值为 $\dfrac{3}{2}\pi$。

对于曲面积分问题，我们只要给出要求解的积分列式，实际上就转化为二重积分的问题了。

2.15　数列求和与级数的敛散性

我们会经常遇到数列和级数的一些问题，首先来看级数的定义：给定数列表达式 u_1，u_2，$\cdots$，u_n，$\cdots$

$$\sum_{n=1}^{\infty} u_n = u_1 + u_2 + \cdots + u_n + \cdots$$

称为无穷级数，u_n 称为级数的通项。

u_n 为常数项级数。

级数 $\displaystyle\sum_{n=1}^{\infty} u_n$ 的前 n 项之和 $S_n = \displaystyle\sum_{k=1}^{n} u_k = u_1 + u_2 + \cdots + u_n$ 称为级数 $\displaystyle\sum_{k=1}^{\infty} u_k$ 的前 n 项部分和。

由部分和 S_n 得到的数列 $\{S_n\}$

$$S_1 = u_1, \quad S_2 = u_1 + u_2, \quad S_3 = u_1 + u_2 + u_3, \quad \cdots,$$
$$\cdots, \quad S_n = u_1 + u_2 + \cdots + u_n, \quad \cdots$$

称为级数 $\displaystyle\sum_{k=1}^{\infty} u_k$ 的前 n 项部分和序列。

若数列 $\{S_n\}$ 收敛，即 $\displaystyle\lim_{n\to\infty} S_n = S$（$S$ 为有限数），则称级数 $\displaystyle\sum_{k=1}^{\infty} u_k$ 收敛，该级数的和为 S，记作 $\displaystyle\sum_{k=1}^{\infty} u_k = S$ 或者 $\displaystyle\lim_{n\to\infty}\sum_{k=1}^{n} u_k = S$。

如果 S_n 不存在极限，则称级数 $\displaystyle\sum_{k=1}^{\infty} u_k$ 发散。

下面给出关于数列求和与级数相关运算的一些例子。

1）求和命令 sum 调用格式

sum(x)：给出向量 x 的各元素的累加和。若其中的 x 为矩阵，则是一个元素为每列和的行向量。

例 2 - 55 输入：

x = [1, 2, 3, 4, 5, 6, 7, 8, 9, 10];

sum (x)

输出结果：

ans = 55

例 2 - 56 输入命令：

x = [1, 2, 3; 4, 5, 6; 7, 8, 9]

输出结果：

x =

    1   2   3

    4   5   6

    7   8   9

再输入：

sum (x)

输出结果：

ans = 12   15   18

2）求和命令 symsum 调用格式

当数列的元素很有规律，例如为 $s(k)$ 时，可用 symsum 求得各项和，n 可取无穷。

symsum(s(k), n) 或者 symsum(s(k), 1, n)：$\sum\limits_{k=1}^{n} s(k)$。symsum(s(k), k, m, n)：

$\sum\limits_{k=m}^{n} s(k)$。

例 2 - 57 输入命令：

syms k n;

symsum (k, 1, 100)

symsum (k^2, 1, 10)

输出结果：

ans = 5050

ans = 385

symsum( ) 还可以做符号运算，给出求和公式。

输入命令：

symsum (k^2, k, 1, n)

symsum (k^3, k, 1, n)

输出结果：

ans = 1/3 * (n + 1) ^3 - 1/2 * (n + 1) ^2 + 1/6 * n + 1/6

ans = 1/4 * (n + 1) ^4 - 1/2 * (n + 1) ^3 + 1/4 * (n + 1) ^2

例 2 - 58 求下列部分和：

（1）$\sum\limits_{n=1}^{30} \dfrac{(-1)^{n+1} x}{n(n+2)}$；（2）$\sum\limits_{k=0}^{n-1} (-1)^k a \sin k$。

（1）输入命令：

```
syms n x;
s1 = symsum ( ( -1) ^(n +1) * x/(n * (n +2)), n, 1, 20)
```

输出结果：

```
s1 = 115/462 * x
```

（2）输入命令：

```
syms n a k;
s2 = symsum ( ( -1) ^k * a * sin (k), k, 0, n -1)
```

输出结果：

```
s2 =
-1/2 * ( -1) ^n * a * sin (n) +1/2 * a * sin (1) /(1 + cos (1)) * ( -1) ^
n * cos (n) -1/2 * a * sin (1) /(1 + cos (1))
```

例 2 -59　讨论下列级数的敛散性：

（1）$\sum\limits_{n=1}^{\infty} \dfrac{1}{n^2}$；（2）$\sum\limits_{n=1}^{\infty} \dfrac{1}{n}$；（3）$\sum\limits_{n=1}^{\infty} \dfrac{a^n}{n}$。

（1）输入命令：

```
syms n;
s1 = symsum (1/n^2, n, 1, inf)
```

输出结果：

```
s1 = 1/6 * pi^2
```

由此得到：级数 $\sum\limits_{n=1}^{\infty} \dfrac{1}{n^2}$ 收敛，其值为 $\dfrac{\pi^2}{6}$。

（2）输入命令：

```
syms n;
s2 = symsum (1/n, n, 1, inf)
```

输出结果：

```
s2 = Inf
```

所以级数 $\sum\limits_{n=1}^{\infty} \dfrac{1}{n}$ 发散。

（3）输入命令：

```
syms n a;
s3 = symsum (a^n/n, n, 1, inf)
```

输出结果：

```
s3 = -log (1 -a)
```

由此得到：当 $|a| <1$ 时，级数 $\sum\limits_{n=1}^{\infty} \dfrac{a^n}{n}$ 收敛，其值为 $-\ln(1 -a)$。

例 2 -60　判断级数 $\sum\limits_{n=2}^{\infty} \ln\left(1 - \dfrac{1}{n^2}\right)$ 的敛散性。

输入命令：

```
syms  n;
s = symsum (log (1 -1/n^2), n, 2, inf)
```
输出结果：
```
s = - log (2)
```

由此得到，级数 $\sum\limits_{n=2}^{\infty} \ln\left(1 - \dfrac{1}{n^2}\right)$ 收敛，其值为 $-\ln 2$。

习题 2

1. 求下列极限：

（1） $\lim\limits_{n \to +\infty} \left(1 - \dfrac{1}{n^2}\right)^n$；

（2） $\lim\limits_{n \to +\infty} \sqrt[n]{n^4 + 2^n}$；

（3） $\lim\limits_{x \to 0} x^2 \mathrm{e}^{\frac{1}{x^2}}$；

（4） $\lim\limits_{x \to 1} \dfrac{\cos^2\left(\dfrac{\pi x}{2}\right)}{(x-1)^2}$。

2. 编程计算圆内接正多边形的周长。要求编写 M 文件，输入半径和边数，输出圆内接多边形的周长与圆周长的误差。

3. 画出函数 $y = \log_b x$ 在 $b = 1/2$，$1/3$，$1/4$ 和 $b = 2$，3，4 时的函数图像，总结其图像特点。

4. 求 $\dfrac{\mathrm{d}y}{\mathrm{d}x}$：

（1） $y = x\arcsin(x + \ln x)$；

（2） $y = \ln(x + \sin x \sqrt{x^2 + 4x})$；

（3） $y = 3\cos^3 \dfrac{\sin x}{x}$；

（4） $\begin{cases} x = t\sin t, \\ y = 4t^2 \end{cases}$；

（5） $\begin{cases} x = \ln(1 + t^2), \\ y = t - \arctan t \end{cases}$；

（6） $x^3 \mathrm{e}^{2x} = y^2 \mathrm{e}^{3y}$；

（7） $x^{2y} = y^{3x}$。

5. 设 $y = x^3 \cos x$，求 $y^{(5)}$。

6. 验证函数 $y = \mathrm{e}^x \sin x$ 和 $y = \mathrm{e}^{-x} \cos x$ 是否是 $y'' - 2y' + 2y = 0$ 的解。

7. 设 $z = x\sin y + y\cos x$，求 $\dfrac{\partial z}{\partial x}$，$\dfrac{\partial z}{\partial y}$。

8. 设 $u = x\sin y + \ln(\sin yz) + \left(\dfrac{x}{y}\right)^z$，求 $\dfrac{\partial u}{\partial x}$，$\dfrac{\partial u}{\partial z}$，$\dfrac{\partial^2 u}{\partial^2 x}$，$\dfrac{\partial^2 u}{\partial x \partial y}$。

9. 验证 $u = \ln \sqrt{(x-a)^2 + (y-b)^2}$ 是否是 Laplace 方程 $\dfrac{\partial^2 u}{\partial x^2} + \dfrac{\partial^2 u}{\partial y^2} = 0$ 的解（对结果用 simplify 化简之后便于对比），其中 a, b 是常数。

10. 画出下列函数的图像，观察并估计极值点的位置：

（1）$f(x) = x^2 \sin(x^2 - x - 2)$，　　$[-2, 2]$；

（2）$f(x) = 3x^5 - 20x^3 + 10$，　　$[-3, 3]$；

（3）$f(x) = |x^3 - x^2 - x - 2|$，　　$[-3, 3]$。

11. 运用数值微分求函数在指定点处的各个偏导数的近似值：

（1）$z = \sqrt{\ln(xy)}$ 在 $(2, 1)$ 点；

（2）$u = x^{\frac{y}{z}}$ 在 $(1, 1, 1)$ 点；

（3）$z = (1 + xy)^y$ 在 $(2, 1)$ 点；

（4）z 关于 x，y 的隐函数 $e^{-xz} - 2y + e^z = 0$ 在 $(2, 1)$ 点；

（5）$u = y \arctan \dfrac{x^2 y}{z}$ 在 $(1, 1, 1)$ 点。

12. 运用 MATLAB 符号运算求不定积分 $\int \sqrt{x^2 + 5}\, dx$。

13. 运用 MATLAB 计算多重积分：

（1）$\displaystyle\int_{x^2 + y^2 \leqslant x} (x^2 + y^2)\, dx dy$；

（2）$\displaystyle\iint_V \cos x \cos y \cos z\, dx dy dz$，$V: |x| + |y| + |z| \leqslant 1$；

（3）$\displaystyle\iint_V \dfrac{1}{x^2 + y^2 + (z-a)^2}\, dx dy dz$，$V: x^2 + y^2 + z^2 \leqslant R^2, a > R$。

14. 将区间等分为 100 段，分别用梯形法和抛物线法编程，计算定积分 $\displaystyle\int_1^{\frac{\pi}{2}} \dfrac{\sin x}{x^2}(\cos \sqrt{x} + \ln x)\, dx$，并求出相应的数值积分结果。

15. 求解常微分方程：

（1）$x'(t) + 3x(t) = e^t$；

（2）$y'(x) + 4y(x) = \sin(2x)$；

（3）$y''(x) + 3y'(x) + 2y(x) = e^x$。

16. 求解常微分方程组 $\begin{cases} x'(t) = 2x(t) + 3y(t), \\ y'(t) = 4x(t) - y(t), \end{cases}$ 再求其数值解。

17. 求解常微分方程组 $\begin{cases} y''(x) + y'(x) - 4y(x) = \sin(2x), \\ y(0) = 1, \ y'(0) = 1, \end{cases}$ 再求其数值解，并对比精确解和数值解的图像差异。

18. 求下面常微分方程的数值解：

（1）$x'(t) + 2tx(t) - te^{-t^2} = 0$；

（2）$x'(t) - x(t) + 3x^2(t) - 4x^3(t) = 0$。

第 3 章

线性代数实验

3.1 矩阵的引入与矩阵的初等行变换

线性代数是大学数学的一个重要组成部分，它不仅可以培养人的逻辑推理能力和抽象思维能力，而且是解决问题的有力工具。线性代数涉及很多计算，如方程组的求解、行列式的计算、特征值和特征向量的求取等，当问题的规模较大或者数字较复杂时，手工计算往往难以实现。实际上，线性代数的所有计算和许多结论的验证都可以借助数学软件由计算机完成。因此，在这一章里，我们将介绍如何使用 MATLAB 实现线性代数的相关计算。

首先，我们介绍矩阵的引入与矩阵的初等行变换。

1. 矩阵的引入

矩阵的概念是由英国数学家西尔维斯特在 19 世纪中期引入的，它是线性代数中一个重要的概念。这一节我们给出几个例子，说明如何从实际问题中抽象出矩阵。

例 3 - 1 这里有一张食物营养表（每 100 g），如表 3 - 1 所示，表中给出了 5 种食物含 6 种营养成分的数量。

表 3 - 1

食物 营养	大米	豆腐	牛肉	油菜	萝卜
蛋白质/g	8.3	7.4	20.1	2.6	1.4
脂肪/g	2.5	3.5	10.2	0.4	0.2
碳水化合物/g	74.2	2.7	1.2	2	8.8
钙/mg	14	277	7.2	106	32
铁/mg	2.3	1.9	4.4	1.2	1.5
锌/mg	1.7	1.2	6.9	0.3	0.3

表 3 - 1 中的每一行表示一种营养成分在 100 g 食物中的含量，每一列表示 100 g 食物中含有的 6 种营养成分的量。我们可以将这张表格简化为 6 行 5 列的矩形数表，从而得到一个 6×5 矩阵。

$$\begin{pmatrix} 8.3 & 7.4 & 20.1 & 2.6 & 1.4 \\ 2.5 & 3.5 & 10.2 & 0.4 & 0.2 \\ 74.2 & 2.7 & 1.2 & 2 & 8.8 \\ 14 & 277 & 7.2 & 106 & 32 \\ 2.3 & 1.9 & 4.4 & 1.2 & 1.5 \\ 1.7 & 1.2 & 6.9 & 0.3 & 0.3 \end{pmatrix}$$

从这个矩阵可以清楚地看出每一种食物的营养成分的含量，还可以利用这个矩阵做相关的运算，解决一些实际问题，如营养餐配置问题。

下面这个例子是用矩阵表示航空公司航线图的问题。

例 3 – 2　图 3 – 1 所示为某航空公司在北京、上海、天津、广州 4 个城市之间的航线图。

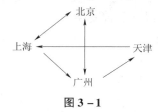

图 3 – 1

图 3 – 1 中带箭头的线段表示两个城市之间的航线。为了清楚地记录航线的情况，我们绘制航线表，如表 3 – 2 所示。

表 3 – 2

		到站		
	北京	上海	天津	广州
北京	0	1	0	1
发站 上海	1	0	0	1
天津	0	1	0	0
广州	1	0	1	0

在表 3 – 2 中，行表示航班的出发地，列表示到达地，数字 1 表示从出发地到到达地有航班，0 表示没有航班。我们将航线图的表头和表格去掉，用剩下的数字阵列表示航班的情况：

$$\begin{pmatrix} 0 & 1 & 0 & 1 \\ 1 & 0 & 0 & 1 \\ 0 & 1 & 0 & 0 \\ 1 & 0 & 1 & 0 \end{pmatrix}$$

这个矩形阵列就被称为**邻接矩阵**。邻接矩阵反映了四城市之间的航线连接情况。

例 3 – 3　$m \times n$ 线性方程组

$$\begin{cases} a_{11}x_1 + a_{12}x_2 + \cdots + a_{1n}x_n = b_1, \\ a_{21}x_1 + a_{22}x_2 + \cdots + a_{2n}x_n = b_2, \\ \qquad\qquad\qquad \cdots \\ a_{m1}x_1 + a_{m2}x_2 + \cdots + a_{mn}x_n = b_m \end{cases}$$

和矩阵 $\boldsymbol{B} = \begin{pmatrix} a_{11} & a_{12} & \cdots & a_{1n} & b_1 \\ a_{21} & a_{22} & \cdots & a_{2n} & b_2 \\ \vdots & \vdots & & \vdots & \vdots \\ a_{m1} & a_{m2} & \cdots & a_{mn} & b_m \end{pmatrix}$ 有一一对应的关系。

例 3 – 3 说明，任意一个 $m \times n$ 线性方程组，都可以用一个 m 行 $n+1$ 列的矩阵表示。这个矩阵就是方程组的增广矩阵。

从以上 3 个例子可以看出，矩阵不仅可以表示问题的数据，而且是进一步解决问题的工具。

2. 矩阵的初等行变换

为了更好地利用矩阵这一工具解决各种问题，我们需要研究矩阵的性质。矩阵的初等行变换在矩阵的性质中起着非常重要的作用。首先，给出初等行变换的定义。

定义 1：设 $\boldsymbol{A}$ 是 $m \times n$ 矩阵。以下三种变换：

（1）互换 $\boldsymbol{A}$ 的第 i 行与第 j 行；

（2）$\boldsymbol{A}$ 的第 i 行乘非零常数 h；

（3）$\boldsymbol{A}$ 的第 i 行的 k 倍加到第 j 行上。

称为矩阵 $\boldsymbol{A}$ 的**初等行变换**。

初等行变换是矩阵的一种最基本的操作。通过初等行变换，可以将矩阵等价地化为简单的形式：阶梯形和简化阶梯形。

定义 2：如果矩阵 $\boldsymbol{T}$ 满足下列条件：

（1）$\boldsymbol{T}$ 的零行集中在 $\boldsymbol{T}$ 的底部；

（2）$\boldsymbol{T}$ 的非零行的（从左边起）第 1 个非零元为 1；

（3）设 $\boldsymbol{T}$ 有 r 个非零行，$\boldsymbol{T}$ 的第 i 个非零行的第 1 个非零元位于第 j_i 列，$i \in \{1, 2, \cdots, r\}$，则 $j_1 < j_2 < \cdots < j_r$，那么，我们称 $\boldsymbol{T}$ 为**阶梯形矩阵**。

例 3 – 4　设有矩阵 $\boldsymbol{T} = \begin{pmatrix} 1 & 2 & -2 & 1 & 2 \\ 0 & 1 & -1 & 3 & 0 \\ 0 & 0 & 0 & 1 & -1 \\ 0 & 0 & 0 & 0 & 0 \end{pmatrix}$。这个矩阵满足阶梯形矩阵定义的三个条件，因此它是一个阶梯形矩阵。阶梯形矩阵中每个非零行的第一个非零元称为阶梯形矩阵的**主元**。

我们知道，任意矩阵都可以经有限次初等行变换化为阶梯形，而且矩阵的阶梯形的非零行的个数是唯一的。矩阵 $\boldsymbol{A}$ 的阶梯形的非零行的个数称为 $\boldsymbol{A}$ 的**秩**，记作 $r(\boldsymbol{A})$。矩阵的秩是一个非常重要的概念，它反映了矩阵的固有特性。

利用初等行变换，我们还可以将矩阵化为更加简单的形式。

定义 3：设 $\boldsymbol{T}$ 是阶梯形矩阵。如果 $\boldsymbol{T}$ 的主元所在列只有一个非零元，则称 $\boldsymbol{T}$ 为**简化阶梯形矩阵**。

矩阵的简化阶梯形在线性代数的计算中是非常重要的。但是根据定义，要得到一个规模较大的矩阵的秩或者它的简化阶梯形，一般情况下需要做大量的计算。MATLAB 提供了两个命令，可以方便地计算一个给定的矩阵的秩和它的简化阶梯形。

MATLAB 中关于矩阵的秩和简化阶梯形的两个命令：

（1）rank(A)：求矩阵 $\boldsymbol{A}$ 的秩；

（2）rref(A)：求 A 的简化阶梯形。

rref 的另外一种调用格式为：[R，j] = rref(A)。

这里 R 表示 A 的简化阶梯形，j 是一个向量，它表示主元所在列的标号。

例 3 – 5　已知矩阵　$A = \begin{pmatrix} 1 & 1 & -2 & 1 & 4 \\ 2 & 4 & -6 & 4 & 8 \\ 2 & -3 & 1 & -1 & 2 \\ 3 & 6 & -9 & 7 & 9 \end{pmatrix}$。

（1）求 A 的秩；

（2）求 A 的简化阶梯形；

（3）求 A 的阶梯形的主元所在的列。

解：在 MATLAB 命令窗口输入以下命令，用以生成矩阵 A。

```
>>A = [1 1 -2 1 4;2 4 -6 4 8;2 -3 1 -1 2;3 6 -9 7 9];
```

（1）输入命令：

```
>> r = rank (A)
```

得到 r = 3。

（2）输入命令：

```
>> A2 = rref (A)
```

得到 A2 =

```
    1    0    -1    0    4
    0    1    -1    0    3
    0    0     0    1   -3
    0    0     0    0    0
```

（3）输入命令：

```
>> [R, j] = rref (A)
```

得到 R =

```
    1    0    -1    0    4
    0    1    -1    0    3
    0    0     0    1   -3
    0    0     0    0    0
```

```
    j =  1  2  4
```

由 j 可以知道 A 的阶梯形矩阵的主元位于第 1 列、第 2 列和第 4 列。

实际上，以上三个问题可以由以下一组命令同时得到结果。

输入命令：

```
>>A = [1 1 -2 1 4;2 4 -6 4 8;2 -3 1 -1 2;3 6 -9 7 9];
>> [R, j] = rref (A)
>> r = length (j)
```

其中，第一条指令 [R，j] = rref(A) 是输出 A 的简化阶梯形 R 和由阶梯形的主元所在的列的标号构成的向量 j；第二条指令 r = length(j) 是由向量 j 的分量的个数矩阵得到矩阵 A 的秩。

3.2　向量与向量空间

定义 4：用 F 表示实数集或复数集，设 $\boldsymbol{\alpha}_1$，$\boldsymbol{\alpha}_2$，$\cdots$，$\boldsymbol{\alpha}_t$ 是 F 上的向量空间 F^n 中的一个向量组。如果存在 F 中不全为零的常数 k_1，k_2，$\cdots$，k_t，使得 $k_1\boldsymbol{\alpha}_1 + k_2\boldsymbol{\alpha}_2 + \cdots + k_t\boldsymbol{\alpha}_t = \boldsymbol{0}$，那么称向量组 $\boldsymbol{\alpha}_1$，$\boldsymbol{\alpha}_2$，$\cdots$，$\boldsymbol{\alpha}_t$ 是**线性相关**的，否则称向量组 $\boldsymbol{\alpha}_1$，$\boldsymbol{\alpha}_2$，$\cdots$，$\boldsymbol{\alpha}_t$ 是**线性无关**的。

定义 5：设 $\boldsymbol{\alpha}_1$，$\boldsymbol{\alpha}_2$，$\cdots$，$\boldsymbol{\alpha}_t$ 是 F^n 中的一个向量组，$\boldsymbol{\alpha}_{i_1}$，$\boldsymbol{\alpha}_{i_2}$，$\cdots$，$\boldsymbol{\alpha}_{i_r}$ 是 $\boldsymbol{\alpha}_1$，$\boldsymbol{\alpha}_2$，$\cdots$，$\boldsymbol{\alpha}_t$ 中的部分向量构成的向量组。如果下列两个条件成立：

（1）$\boldsymbol{\alpha}_{i_1}$，$\boldsymbol{\alpha}_{i_2}$，$\cdots$，$\boldsymbol{\alpha}_{i_r}$ 是线性无关的；

（2）对 $\boldsymbol{\alpha}_1$，$\boldsymbol{\alpha}_2$，$\cdots$，$\boldsymbol{\alpha}_t$ 中的任意向量 $\boldsymbol{\alpha}_k$，向量组 $\boldsymbol{\alpha}_{i_1}$，$\boldsymbol{\alpha}_{i_2}$，$\cdots$，$\boldsymbol{\alpha}_{i_r}$，$\boldsymbol{\alpha}_k$ 都是线性相关的。

那么称 $\boldsymbol{\alpha}_{i_1}$，$\boldsymbol{\alpha}_{i_2}$，$\cdots$，$\boldsymbol{\alpha}_{i_r}$ 是 $\boldsymbol{\alpha}_1$，$\boldsymbol{\alpha}_2$，$\cdots$，$\boldsymbol{\alpha}_t$ 的一个**极大线性无关组**，简称为**极大无关组**。向量组 $\boldsymbol{\alpha}_1$，$\boldsymbol{\alpha}_2$，$\cdots$，$\boldsymbol{\alpha}_t$ 的极大无关组中的向量的个数称为向量组 $\boldsymbol{\alpha}_1$，$\boldsymbol{\alpha}_2$，$\cdots$，$\boldsymbol{\alpha}_t$ 的**秩**，记作 $r\{\boldsymbol{\alpha}_1$，$\boldsymbol{\alpha}_2$，$\cdots$，$\boldsymbol{\alpha}_t\}$。

向量组 $\boldsymbol{\alpha}_1$，$\boldsymbol{\alpha}_2$，$\cdots$，$\boldsymbol{\alpha}_t$ 线性相关的充分必要条件是 $r\{\boldsymbol{\alpha}_1$，$\boldsymbol{\alpha}_2$，$\cdots$，$\boldsymbol{\alpha}_t\} < t$。求向量组的秩与极大无关组的方法：设 $\boldsymbol{\alpha}_1$，$\boldsymbol{\alpha}_2$，$\cdots$，$\boldsymbol{\alpha}_t$ 是一组向量，将 $\boldsymbol{\alpha}_1$，$\boldsymbol{\alpha}_2$，$\cdots$，$\boldsymbol{\alpha}_t$ 按列排成 $n \times t$ 矩阵 $\boldsymbol{A} = (\boldsymbol{\alpha}_1$，$\boldsymbol{\alpha}_2$，$\cdots$，$\boldsymbol{\alpha}_t)$，用初等行变换将 $\boldsymbol{A}$ 化为阶梯形矩阵 $\boldsymbol{T}$，则 $\boldsymbol{T}$ 的非零行的个数 r 即向量组 $\boldsymbol{\alpha}_1$，$\boldsymbol{\alpha}_2$，$\cdots$，$\boldsymbol{\alpha}_t$ 的秩；如果 $\boldsymbol{T}$ 的主元所在列的标号为 j_1，j_2，$\cdots$，j_r，那么 $\boldsymbol{\alpha}_{j_1}$，$\boldsymbol{\alpha}_{j_2}$，$\cdots$，$\boldsymbol{\alpha}_{j_r}$ 是 $\boldsymbol{\alpha}_1$，$\boldsymbol{\alpha}_2$，$\cdots$，$\boldsymbol{\alpha}_t$ 的一个极大无关组。

例 3 - 6　设向量组

$$\boldsymbol{\alpha}_1 = \begin{pmatrix} 1 \\ 2 \\ 2 \\ 3 \end{pmatrix}, \quad \boldsymbol{\alpha}_2 = \begin{pmatrix} 1 \\ 4 \\ -3 \\ 6 \end{pmatrix}, \quad \boldsymbol{\alpha}_3 = \begin{pmatrix} -2 \\ -6 \\ 1 \\ -9 \end{pmatrix}, \quad \boldsymbol{\alpha}_4 = \begin{pmatrix} 1 \\ 4 \\ -1 \\ 7 \end{pmatrix}, \quad \boldsymbol{\alpha}_5 = \begin{pmatrix} 4 \\ 8 \\ 2 \\ 9 \end{pmatrix}。$$

（1）求向量组的秩，判断向量组是否线性相关；

（2）求向量组的一个极大无关组；

（3）将向量组中其余向量用极大无关组线性表示。

解：首先生成向量组及相应的矩阵。输入命令：

```
>> a1 = [1; 2; 2; 3]; a2 = [1; 4; -3; 6]; a3 = [-2; -6; 1; -9];
   a4 = [1; 4; -1; 7]; a5 = [4; 8; 2; 9];
>> A = [a1, a2, a3, a4, a5];
```

（1）输入命令：

```
>> r = rank (A)
```

得到 $r = 3$。于是向量组的秩为 3。因为 $r < 5$，所以向量组是线性相关的。

（2）输入命令：

```
>> [R, j] = rref (A);
>> A1 = A (:, j)      % 在 A 中取出 j 的分量对应的列
```

得到 A1 =

```
1    1    1
2    4    4
2   -3   -1
3    6    7
```

因此，$\boldsymbol{\alpha}_1$，$\boldsymbol{\alpha}_2$，$\boldsymbol{\alpha}_4$ 是 $\boldsymbol{\alpha}_1$，$\boldsymbol{\alpha}_2$，$\boldsymbol{\alpha}_3$，$\boldsymbol{\alpha}_4$，$\boldsymbol{\alpha}_5$ 的一个极大无关组。

（3）输入命令：

`>> R = rref (A)`

得到 R =

```
1    0   -1    0    4
0    1   -1    0    3
0    0    0    1   -3
0    0    0    0    0
```

于是 $\boldsymbol{\alpha}_3 = -\boldsymbol{\alpha}_1 - \boldsymbol{\alpha}_2$，$\boldsymbol{\alpha}_5 = 4\boldsymbol{\alpha}_1 + 3\boldsymbol{\alpha}_2 - 3\boldsymbol{\alpha}_4$。

定义 6：设 V 是 F^n 的非空子集。如果 V 满足下列两个条件：

（1）对任意的 $\boldsymbol{\alpha}$，$\boldsymbol{\beta} \in V$，都有 $\boldsymbol{\alpha} + \boldsymbol{\beta} \in V$；

（2）对任意的 $k \in F$，$\boldsymbol{\alpha} \in V$，都有 $k\boldsymbol{\alpha} \in V$。

那么称 V 是 F 上的**向量空间**。

定义 7：设 F^n 的非空子集 V 是 F 上的向量空间。如果 V 中的（有序）向量组 $\boldsymbol{\alpha}_1$，$\boldsymbol{\alpha}_2$，$\cdots$，$\boldsymbol{\alpha}_m$ 满足下列两个条件：

（1）$\boldsymbol{\alpha}_1$，$\boldsymbol{\alpha}_2$，$\cdots$，$\boldsymbol{\alpha}_m$ 是线性无关的；

（2）V 中的向量都可以由 $\boldsymbol{\alpha}_1$，$\boldsymbol{\alpha}_2$，$\cdots$，$\boldsymbol{\alpha}_m$ 线性表示。

那么称向量组 $\boldsymbol{\alpha}_1$，$\boldsymbol{\alpha}_2$，$\cdots$，$\boldsymbol{\alpha}_m$ 是 V 的一个**基**。向量空间 V 的基中向量的个数称为 V 的**维数**，记作 $\dim V$。

定义 8：设 F^n 的非空子集 V 是 F 上的向量空间。如果 V 中的（有序）向量组 $\boldsymbol{\alpha}_1$，$\boldsymbol{\alpha}_2$，$\cdots$，$\boldsymbol{\alpha}_m$ 满足下列两个条件：

（1）$\boldsymbol{\alpha}_1$，$\boldsymbol{\alpha}_2$，$\cdots$，$\boldsymbol{\alpha}_m$ 是线性无关的；

（2）V 中的向量都可以由 $\boldsymbol{\alpha}_1$，$\boldsymbol{\alpha}_2$，$\cdots$，$\boldsymbol{\alpha}_m$ 线性表示。

那么称向量组 $\boldsymbol{\alpha}_1$，$\boldsymbol{\alpha}_2$，$\cdots$，$\boldsymbol{\alpha}_m$ 是 V 的一个**基**。向量空间 V 的基中向量的个数称为 V 的**维数**，记作 $\dim V$。

例 3 - 7：设向量组

$$\boldsymbol{\alpha}_1 = \begin{pmatrix} 4 \\ 0 \\ -2 \\ -5 \\ -1 \end{pmatrix}, \quad \boldsymbol{\alpha}_2 = \begin{pmatrix} -5 \\ -3 \\ 1 \\ 4 \\ 4 \end{pmatrix}, \quad \boldsymbol{\alpha}_3 = \begin{pmatrix} -4 \\ 0 \\ 2 \\ 5 \\ 1 \end{pmatrix}, \quad \boldsymbol{\alpha}_4 = \begin{pmatrix} -1 \\ 1 \\ 0 \\ 3 \\ -1 \end{pmatrix}.$$

（1）求 $L(\boldsymbol{\alpha}_1, \boldsymbol{\alpha}_2, \boldsymbol{\alpha}_3, \boldsymbol{\alpha}_4)$ 的维数和一个基；

（2）将（1）中求得的基规范正交化。

解（1）首先生成向量组，输入命令：

`>>a1 = [4; 0; -2; -5; -1]; a2 = [-5; -3; 1; 4; 4];`

```
          a3 = [-4; 0; 2; 5; 1]; a4 = [-1; 1; 0; 3; -1];
>> A = [a1, a2, a3, a4];
```

输入命令：

```
>> [R, j] = rref (A)
```

得到 $j = 1\ 2\ 4$。

于是 $\dim L(\boldsymbol{\alpha}_1, \boldsymbol{\alpha}_2, \boldsymbol{\alpha}_3, \boldsymbol{\alpha}_4) = 3$，并且 $\boldsymbol{\alpha}_1, \boldsymbol{\alpha}_2, \boldsymbol{\alpha}_4$ 是 $L(\boldsymbol{\alpha}_1, \boldsymbol{\alpha}_2, \boldsymbol{\alpha}_3, \boldsymbol{\alpha}_4)$ 的一个基。

（2）输入命令：

```
>> P = orth ([a1, a2, a4])
```

得到 $P =$

```
  -0.6244    0.0635    0.1390
  -0.2000    0.5856   -0.2373
   0.1932    0.0969   -0.8928
   0.6495    0.5240    0.3529
   0.3331   -0.6074   -0.0521
```

令

$$\boldsymbol{\eta}_1 = \begin{pmatrix} -0.624\ 4 \\ -0.200\ 0 \\ 0.193\ 2 \\ 0.649\ 5 \\ 0.333\ 1 \end{pmatrix}, \quad \boldsymbol{\eta}_2 = \begin{pmatrix} 0.063\ 5 \\ 0.585\ 6 \\ 0.096\ 9 \\ 0.524\ 0 \\ -0.607\ 4 \end{pmatrix}, \quad \boldsymbol{\eta}_3 = \begin{pmatrix} 0.139\ 0 \\ -0.237\ 3 \\ -0.892\ 8 \\ 0.352\ 9 \\ -0.052\ 1 \end{pmatrix}$$

于是 $\boldsymbol{\eta}_1, \boldsymbol{\eta}_2, \boldsymbol{\eta}_3$ 是 $L(\boldsymbol{\alpha}_1, \boldsymbol{\alpha}_2, \boldsymbol{\alpha}_3, \boldsymbol{\alpha}_4)$ 的一个规范正交基。

定义 9：设 $\boldsymbol{\alpha}_1, \boldsymbol{\alpha}_2, \cdots, \boldsymbol{\alpha}_m$ 与 $\boldsymbol{\beta}_1, \boldsymbol{\beta}_2, \cdots, \boldsymbol{\beta}_m$ 是 F 上的 m 维向量空间 V 的两个基。将 $\boldsymbol{\beta}_1, \boldsymbol{\beta}_2, \cdots, \boldsymbol{\beta}_m$ 表示为 $\boldsymbol{\alpha}_1, \boldsymbol{\alpha}_2, \cdots, \boldsymbol{\alpha}_m$ 的线性组合，得到 m 个等式。

$$\begin{cases} \boldsymbol{\beta}_1 = a_{11}\boldsymbol{\alpha}_1 + a_{21}\boldsymbol{\alpha}_2 + \cdots + a_{m1}\boldsymbol{\alpha}_m, \\ \boldsymbol{\beta}_2 = a_{12}\boldsymbol{\alpha}_1 + a_{22}\boldsymbol{\alpha}_2 + \cdots + a_{m2}\boldsymbol{\alpha}_m, \\ \qquad\qquad \cdots \\ \boldsymbol{\beta}_m = a_{1m}\boldsymbol{\alpha}_1 + a_{2m}\boldsymbol{\alpha}_2 + \cdots + a_{mm}\boldsymbol{\alpha}_m。 \end{cases}$$

这 m 个等式的矩阵形式为

$$(\boldsymbol{\beta}_1, \boldsymbol{\beta}_2, \cdots, \boldsymbol{\beta}_m) = (\boldsymbol{\alpha}_1, \boldsymbol{\alpha}_2, \cdots, \boldsymbol{\alpha}_m) \boldsymbol{A}$$

其中

$$\boldsymbol{A} = \begin{pmatrix} a_{11} & a_{12} & \cdots & a_{1m} \\ a_{21} & a_{22} & \cdots & a_{2m} \\ \vdots & \vdots & & \vdots \\ a_{m1} & a_{m2} & \cdots & a_{mm} \end{pmatrix}$$

方阵 $\boldsymbol{A}$ 称为基 $\boldsymbol{\alpha}_1, \boldsymbol{\alpha}_2, \cdots, \boldsymbol{\alpha}_m$ 到基 $\boldsymbol{\beta}_1, \boldsymbol{\beta}_2, \cdots, \boldsymbol{\beta}_m$ 的**过渡矩阵**。

设 V 是 F 上的 m 维向量空间，那么有下列两个结论：

（1）V 的基 $\boldsymbol{\alpha}_1, \boldsymbol{\alpha}_2, \cdots, \boldsymbol{\alpha}_m$ 到基 $\boldsymbol{\beta}_1, \boldsymbol{\beta}_2, \cdots, \boldsymbol{\beta}_m$ 的过渡矩阵 $\boldsymbol{A}$ 是唯一的；

（2）V 的基 $\boldsymbol{\alpha}_1, \boldsymbol{\alpha}_2, \cdots, \boldsymbol{\alpha}_m$ 到基 $\boldsymbol{\beta}_1, \boldsymbol{\beta}_2, \cdots, \boldsymbol{\beta}_m$ 的过渡矩阵 $\boldsymbol{A}$ 是可逆的，并且 $\boldsymbol{A}^{-1}$

是基 $\boldsymbol{\beta}_1$，$\boldsymbol{\beta}_2$，$\cdots$，$\boldsymbol{\beta}_m$ 到基 $\boldsymbol{\alpha}_1$，$\boldsymbol{\alpha}_2$，$\cdots$，$\boldsymbol{\alpha}_m$ 的过渡矩阵。

　　求向量空间的两个基之间的过渡矩阵的方法：设 $\boldsymbol{\alpha}_1$，$\boldsymbol{\alpha}_2$，$\cdots$，$\boldsymbol{\alpha}_m$ 与 $\boldsymbol{\beta}_1$，$\boldsymbol{\beta}_2$，$\cdots$，$\boldsymbol{\beta}_m$ 是向量空间 V 的两个基，$\boldsymbol{A}$ 是从 $\boldsymbol{\alpha}_1$，$\boldsymbol{\alpha}_2$，$\cdots$，$\boldsymbol{\alpha}_m$ 到 $\boldsymbol{\beta}_1$，$\boldsymbol{\beta}_2$，$\cdots$，$\boldsymbol{\beta}_m$ 的过渡矩阵，于是

$$(\boldsymbol{\beta}_1，\boldsymbol{\beta}_2，\cdots，\boldsymbol{\beta}_m) = (\boldsymbol{\alpha}_1，\boldsymbol{\alpha}_2，\cdots，\boldsymbol{\alpha}_m) \boldsymbol{A}$$

　　以下分两种情况讨论：

　　情况 1　$(\boldsymbol{\alpha}_1，\boldsymbol{\alpha}_2，\cdots，\boldsymbol{\alpha}_m)$ 是方阵。可由以下命令求得过渡矩阵：

A = inv（[a1, a2,..., am]）* [b1, b2,..., bm]

其中，ai 表示 $\boldsymbol{\alpha}_i$，bi 表示 $\boldsymbol{\beta}_i$。

　　情况 2　$(\boldsymbol{\alpha}_1，\boldsymbol{\alpha}_2，\cdots，\boldsymbol{\alpha}_m)$ 不是方阵。可由以下命令得到过渡矩阵：

A = [a1, a2,..., am] \ [b1, b2,..., bm]

　　例 3 – 8　已知 $\mathbf{R}^3$ 的两个基：

$$\boldsymbol{\alpha}_1 = \begin{pmatrix} 1 \\ 1 \\ 1 \end{pmatrix}，\quad \boldsymbol{\alpha}_2 = \begin{pmatrix} 0 \\ 1 \\ 1 \end{pmatrix}，\quad \boldsymbol{\alpha}_3 = \begin{pmatrix} 0 \\ 0 \\ 1 \end{pmatrix}；\quad \boldsymbol{\beta}_1 = \begin{pmatrix} 1 \\ 0 \\ 1 \end{pmatrix}，\quad \boldsymbol{\beta}_2 = \begin{pmatrix} 0 \\ 0 \\ -1 \end{pmatrix}，\quad \boldsymbol{\beta}_3 = \begin{pmatrix} 1 \\ 2 \\ 0 \end{pmatrix}。$$

　　（1）求从基 $\boldsymbol{\alpha}_1$，$\boldsymbol{\alpha}_2$，$\boldsymbol{\alpha}_3$ 到基 $\boldsymbol{\beta}_1$，$\boldsymbol{\beta}_2$，$\boldsymbol{\beta}_3$ 的过渡矩阵；

　　（2）求向量 $\boldsymbol{\gamma} = 3\boldsymbol{\alpha}_1 + 2\boldsymbol{\alpha}_2 + \boldsymbol{\alpha}_3$ 关于基 $\boldsymbol{\beta}_1$，$\boldsymbol{\beta}_2$，$\boldsymbol{\beta}_3$ 的坐标。

　　解：（1）输入命令：

```
>> a1 = [1; 1; 1]; a2 = [0; 1; 1]; a3 = [0; 0; 1];
   b1 = [1; 0; 1]; b2 = [0; 0; -1]; b3 = [1; 2; 0];
>> A = inv（[a1 a2 a3]）* [b1 b2 b3]
```

得到 A =

```
    1     0     1
   -1     0     1
    1    -1    -2
```

于是从基 $\boldsymbol{\alpha}_1$，$\boldsymbol{\alpha}_2$，$\boldsymbol{\alpha}_3$ 到基 $\boldsymbol{\beta}_1$，$\boldsymbol{\beta}_2$，$\boldsymbol{\beta}_3$ 的过渡矩阵为

$$\boldsymbol{A} = \begin{pmatrix} 1 & 0 & 1 \\ -1 & 0 & 1 \\ 1 & -1 & -2 \end{pmatrix}$$

　　（2）输入命令：

```
>> X = [3; 2; 1];
>> Y = inv（A）*X
```

得到 Y =

```
    1/2
  -11/2
    5/2
```

因此，向量 $\boldsymbol{\gamma} = 3\boldsymbol{\alpha}_1 + 2\boldsymbol{\alpha}_2 + \boldsymbol{\alpha}_3$ 关于基 $\boldsymbol{\beta}_1$，$\boldsymbol{\beta}_2$，$\boldsymbol{\beta}_3$ 的坐标为 $\begin{pmatrix} 1/2 \\ -11/2 \\ 5/2 \end{pmatrix}$。

　　例 3 – 9　已知向量空间 V 的两个基

$$\boldsymbol{\alpha}_1 = \begin{pmatrix} 1 \\ 1 \\ 1 \\ 1 \end{pmatrix}, \quad \boldsymbol{\alpha}_2 = \begin{pmatrix} -1 \\ 2 \\ 0 \\ 1 \end{pmatrix}; \quad \boldsymbol{\beta}_1 = \begin{pmatrix} 0 \\ 3 \\ 1 \\ 2 \end{pmatrix}, \quad \boldsymbol{\beta}_2 = \begin{pmatrix} -2 \\ 1 \\ -1 \\ 0 \end{pmatrix}。$$

（1）求基 $\boldsymbol{\alpha}_1$，$\boldsymbol{\alpha}_2$ 到基 $\boldsymbol{\beta}_1$，$\boldsymbol{\beta}_2$ 的过渡矩阵；

（2）求基 $\boldsymbol{\beta}_1$，$\boldsymbol{\beta}_2$ 到基 $\boldsymbol{\alpha}_1$，$\boldsymbol{\alpha}_2$ 的过渡矩阵。

解：（1）输入命令：

```
>>a1 = [1; 1; 1; 1]; a2 = [-1; 2; 0; 1];
   b1 = [0; 3; 1; 2]; b2 = [-2; 1; -1; 0];
>> A = [a1 a2] \ [b1 b2]
```

得到 A =

```
    1        -1
    1         1
```

即从基 $\boldsymbol{\alpha}_1$，$\boldsymbol{\alpha}_2$ 到基 $\boldsymbol{\beta}_1$，$\boldsymbol{\beta}_2$ 的过渡矩阵为 $\boldsymbol{A} = \begin{pmatrix} 1 & -1 \\ 1 & 1 \end{pmatrix}$。

（2）输入命令：

```
>> B = [b1 b2] \ [a1 a2]
```

得到 B =

```
    1/2       1/2
   -1/2       1/2
```

即从基 $\boldsymbol{\beta}_1$，$\boldsymbol{\beta}_2$ 到基 $\boldsymbol{\alpha}_1$，$\boldsymbol{\alpha}_2$ 的过渡矩阵为 $\boldsymbol{B} = \begin{pmatrix} 1/2 & 1/2 \\ -1/2 & 1/2 \end{pmatrix}$。

下面给出两个与向量有关的应用题。

例 3 - 10　一个饲料厂有 3 种基本类型的饲料，它们所含的主要营养成分如表 3 - 3 所示。

表 3 - 3　　　　　　　　　　　　　　　　　　　　　　单位：g/kg

项目	A	B	C
锌	1	3	6
硒	2	4	5
钙	3	3	3
铁	3	9	4

（1）如果李厂长要求的饲料的 4 种营养成分分别为 4∶4∶3∶5，问：3 种类型应各占多少比例？如果他共需要购买 800 kg 饲料，则 3 种类型各需要多少？

（2）如果张经理需要的饲料的营养成分为 5∶6∶4∶3，那么能用这 3 种基本类型饲料配成吗？

解：设 A，B，C 3 种基本饲料的营养成分含量分别用向量 $\boldsymbol{\alpha}_1$，$\boldsymbol{\alpha}_2$，$\boldsymbol{\alpha}_3$ 表示，客户需要的两种饲料的成分用向量 $\boldsymbol{\beta}_1$，$\boldsymbol{\beta}_2$ 表示，则问题归结为 $\boldsymbol{\beta}_1$，$\boldsymbol{\beta}_2$ 是否可以由 $\boldsymbol{\alpha}_1$，$\boldsymbol{\alpha}_2$，$\boldsymbol{\alpha}_3$ 线性表示。

输入命令：

```
>> a1 = [1; 2; 3; 3]; a2 = [3; 4; 3; 9]; a3 = [6; 5; 3; 4];
>> b1 = [4; 4; 3; 5]; b2 = [5; 6; 4; 3];
>>A = [a1 a2 a3 b1 b2];
>> rref (A)
```

得到 ans =

```
1  0  0  0.25  0
0  1  0  0.25  0
0  0  1  0.50  0
0  0  0   0    1
```

（1）根据 A 的简化阶梯形，$\boldsymbol{\beta}_1$ 可以由 $\boldsymbol{\alpha}_1$，$\boldsymbol{\alpha}_2$，$\boldsymbol{\alpha}_3$ 线性表示，所以李厂长需要的饲料可以由 3 种基本饲料配成，A，B，C3 种基本饲料的混合比例为 $1:1:2$。800 kg 的饲料对 3 种基本饲料的需求量分别为 200 kg，200 kg 和 400 kg。

（2）因为 $\boldsymbol{\beta}_2$ 不能由 $\boldsymbol{\alpha}_1$，$\boldsymbol{\alpha}_2$，$\boldsymbol{\alpha}_3$ 线性表示，所以张经理需要的饲料不能由这 3 种基本饲料配成。

例 3 – 11　一公租房建筑使用模块建筑技术，每层楼的建筑设计在 3 种设计方案中选择。A 方案每层 18 户，包括 3 个三居室、7 个两居室、8 个一居室；B 方案每层有 4 个三居室、4 个两居室和 8 个一居室；C 方案每层有 5 个三居室、3 个两居室和 9 个一居室。设该建筑分别有 x_1，x_2，x_3 层采用 A，B，C 方案。

（1）用向量的线性组合表示包含的三居室、两居室和一居室的总数；

（2）根据需求意向调查，某单位需要三居室 66 个、两居室 74 个和一居室 136 个。问：是否可以设计该建筑，使得用户的需求能够达到满足？如果可能，有几种方法呢？

解：（1）设该建筑分别有 x_1，x_2，x_3 层采用 A，B，C 方案，则三居室、两居室和一居室的总数为：

$$x_1\begin{pmatrix}3\\7\\8\end{pmatrix}+x_2\begin{pmatrix}4\\4\\8\end{pmatrix}+x_3\begin{pmatrix}5\\3\\9\end{pmatrix}$$

（2）根据需求意向，可以列如下方程组：

$$x_1\begin{pmatrix}3\\7\\8\end{pmatrix}+x_2\begin{pmatrix}4\\4\\8\end{pmatrix}+x_3\begin{pmatrix}5\\3\\9\end{pmatrix}=\begin{pmatrix}66\\74\\136\end{pmatrix} \tag{1}$$

输入命令：

```
>> B = [3 4 5 66;7 4 3 74;;8 8 9 136];
>> rref (B)
```

得到：

```
ans =
    1  0  -0.50   2
    0  1  1.625  15
    0  0    0     0
```

因为方程组（1）的系数矩阵的秩等于增广矩阵的秩，小于未知数的个数，所以方程组（1）有无穷多个解，其通解为：

$$\begin{cases}x_1=2+\dfrac{1}{2}c,\\[2mm]x_2=15-\dfrac{13}{8}c,\\[2mm]x_3=c。\end{cases}$$

其中，c 为常数。为了保证 x_1，x_2，x_3 为非负整数，c 只能为 0 或者 8。所以有两种方法可以满足用户的需求：A 方案 2 层和 B 方案 15 层，或者 A 方案 6 层、B 方案 2 层和 C 方案 8 层。

3.3　线性方程组

线性方程组是线性代数中非常重要的一部分内容，它既是线性代数的研究对象，又是解决其他问题的有力的工具。

齐次线性方程组可由以下表达式给出：

$$\begin{cases} a_{11}x_1 + a_{12}x_2 + \cdots + a_{1n}x_n = 0, \\ a_{21}x_1 + a_{22}x_2 + \cdots + a_{2n}x_n = 0, \\ \qquad\qquad\qquad \cdots \\ a_{m1}x_1 + a_{m2}x_2 + \cdots + a_{mn}x_n = 0。 \end{cases}$$

其等价形式为 $AX = 0$，其中，A 是由齐次线性方程组系数构成的矩阵，X 是由未知数构成的向量。关于解的存在性问题，有如下结论：

如果 $AX = 0$ 是 $m \times n$ 齐次线性方程组，那么 $AX = 0$ 有非零解的充分必要条件为 $r(A) < n$，或 A 的列向量组是线性相关的。

根据这些论断，要判断一个齐次线性方程组是否有非零解，只需计算出系数矩阵的秩，然后与未知数的个数做比较即可。因为齐次线性方程组的解的任意线性组合仍然是齐次线性方程组的解，所以齐次线性方程组有非零解意味着它有无穷多个解。当齐次线性方程组有非零解时，为了表示它的解，我们给出基础解系的定义。

定义 10：ξ_1，ξ_2，$\cdots$，ξ_t 称为齐次线性方程组 $AX = 0$ 的基础解系，如果

（1）ξ_1，ξ_2，$\cdots$，ξ_t 是 $AX = 0$ 的一组线性无关的解；

（2）$AX = 0$ 的任意一解都可由 ξ_1，ξ_2，$\cdots$，ξ_t 线性表示。

根据定义，如果 ξ_1，ξ_2，$\cdots$，ξ_t 是齐次线性方程组 $AX = 0$ 的基础解系，那么 $AX = 0$ 的通解可以表示为

$$\xi = c_1 \xi_1 + c_2 \xi_2 + \cdots + c_t \xi_t$$

其中，c_1，c_2，$\cdots$，c_t 为 F 中的任意常数。因此，求解有非零解的齐次线性方程组等价于求它的基础解系。

在 MATLAB 中，用 null 命令求齐次线性方程组的基础解系，其调用格式有如下两种：

```
>> B = null (A)          %返回矩阵 B，其中 B 的列向量是 AX = 0 的规范正交的基础解系。
>> B = null (A, 'r')     %得到的矩阵 B 的列向量是 AX = 0 的有理数形式的基础解系，
                            也就是我们常规得到的形式。
```

例 3 – 12　求齐次线性方程组

$$\begin{cases} x_1 - x_2 - x_3 + \qquad\quad 3x_5 = 0, \\ 2x_1 - 2x_2 - x_3 + 2x_4 + 4x_5 = 0, \\ 3x_1 - 3x_2 - x_3 + 4x_4 + 5x_5 = 0, \\ x_1 - x_2 + x_3 + 4x_4 - x_5 = 0 \end{cases}$$

的一个基础解系，并且用所求出的基础解系表示方程组的通解。

解法 1：输入命令：

```
>> A = [1 -1 -1 0 3; 2 -2 -1 2 4; 3 -3 -1 4 5; 1 -1 1 4 -1];
```

生成系数矩阵 A，然后输入命令：

```
>> B1 = null (A, 'r')
```

得到：

```
B1 =
    1    -2    -1
    1     0     0
    0    -2     2
    0     1     0
    0     0     1
```

将 B_1 的三个列向量分别记为 $\boldsymbol{\xi}_1 = \begin{pmatrix} 1 \\ 1 \\ 0 \\ 0 \\ 0 \end{pmatrix}$，$\boldsymbol{\xi}_2 = \begin{pmatrix} -2 \\ 0 \\ -2 \\ 1 \\ 0 \end{pmatrix}$，$\boldsymbol{\xi}_3 = \begin{pmatrix} -1 \\ 0 \\ 2 \\ 0 \\ 1 \end{pmatrix}$，于是 $\boldsymbol{\xi}_1$，$\boldsymbol{\xi}_2$，$\boldsymbol{\xi}_3$ 为方程

组的一个基础解系。所以，方程组的通解可表示为 $\boldsymbol{\xi} = c_1\boldsymbol{\xi}_1 + c_2\boldsymbol{\xi}_2 + c_3\boldsymbol{\xi}_3$，其中 c_1，c_2，c_3 为任意常数。

解法 2：下面我们来看看 null 第二种调用格式得到的结果。在命令窗口输入：

```
>> A = [1 -1 -1 0 3; 2 -2 -1 2 4; 3 -3 -1 4 5; 1 -1 1 4 -1];
>> B2 = null (A)
```

得到：

```
B2 =
    -0.9016    -0.1607    -0.0939
    -0.3445     0.7762     0.3553
    -0.0449    -0.4422     0.8269
     0.1932     0.3860     0.0119
     0.1707     0.1649     0.4254
```

将 B_2 的三个列向量分别记为

$$\boldsymbol{\eta}_1 = \begin{pmatrix} -0.901\,6 \\ -0.344\,5 \\ -0.044\,9 \\ 0.193\,2 \\ 0.170\,7 \end{pmatrix}, \quad \boldsymbol{\eta}_2 = \begin{pmatrix} -0.160\,7 \\ 0.776\,2 \\ -0.442\,2 \\ 0.386\,0 \\ 0.164\,9 \end{pmatrix}, \quad \boldsymbol{\eta}_3 = \begin{pmatrix} -0.093\,9 \\ 0.355\,3 \\ 0.826\,9 \\ 0.011\,9 \\ 0.425\,4 \end{pmatrix},$$

于是 $\boldsymbol{\eta}_1$，$\boldsymbol{\eta}_2$，$\boldsymbol{\eta}_3$ 是齐次方程组的一个基础解系，并且 $\boldsymbol{\eta}_1$，$\boldsymbol{\eta}_2$，$\boldsymbol{\eta}_3$ 是一组规范正交向量组。

例 3 – 13　求解齐次线性方程组

$$\begin{cases} x_1 - x_2 + 4x_3 - 2x_4 = 0, \\ x_1 - x_2 - x_3 + 2x_4 = 0, \\ 3x_1 + x_2 + 7x_3 - 2x_4 = 0, \\ x_1 - 3x_2 - 12x_3 + 6x_4 = 0。 \end{cases}$$

解：首先输入命令：

```
>>A = [1 -1 4 -2;1 -1 -1 2;3 1 7 -2;1 -3 -12 6];
```

生成系数矩阵 A，然后输入命令：

```
>> B = null (A,'r')
```

得到：

```
B =
    Empty matrix: 4 - by - 0
```

这表示得到一个空矩阵，这个结果说明齐次线性方程组只有零解。实际上，由命令 rank(A)，可以得到 $r(A) = 4$，所以这个齐次线性方程组没有非零解，也就没有基础解系。

非齐次线性方程组的一般形式：

$$\begin{cases} a_{11}x_1 + a_{12}x_2 + \cdots + a_{1n}x_n = b_1, \\ a_{21}x_1 + a_{22}x_2 + \cdots + a_{2n}x_n = b_2, \\ \qquad\qquad\qquad \cdots \\ a_{m1}x_1 + a_{m2}x_2 + \cdots + a_{mn}x_n = b_m \text{。} \end{cases}$$

其等价形式为 $AX = b$。

一般来说，一个非齐次线性方程组可能有解也可能无解，在有解的情况下，它的解有可能唯一，也可能不唯一，使用 rank 命令可以方便地判别非齐次线性方程组解的情况。图 3 - 2 所示框图给出了判别的方法。

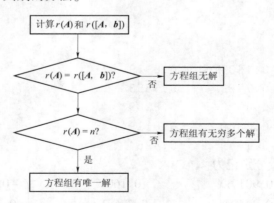

图 3 - 2

用 MATLAB 求解非齐次线性方程组时，需要根据不同情形选择适当的命令。表 3 - 4 所示为 $m \times n$ 线性方程组 $AX = b$ 的 MATLAB 求解命令及结果。

表 3 - 4

参数	解的情况	求解命令	结果
$m = n$, $r(A) = n$	唯一解	$X = inv(A) * b$ 或 $X = A \backslash b$	唯一解
$m > n$, $r(A) = r([A, b]) = n$	唯一解	$X = A \backslash b$	唯一解
$r(A) = r([A, b]) < n$	无穷多解	$X = A \backslash b$ 和 $B = null(A, 'r')$	通解
$r(A) \neq r([A, b])$	无解	$X = pinv(A) * b$ 或 $X = A \backslash b$	最小二乘解

当 $r(A) \neq r([A, b])$ 时，方程组 $AX = b$ 无解。但是在许多情况下，方程组具有实际意义，需要求出其某种近似解，我们可以用 $X = \text{pinv}(A) * b$ 或 $X = A \backslash b$ 求出方程组最小二乘解。需要注意，虽然 4 种情形下都可以使用 $A \backslash b$ 这个命令求解非齐次线性方程组，但是得到的结果并不相同，因此需要加以区别。

例 3 – 14　求下列 4×4 非齐次线性方程组的解：

$$
\begin{cases}
x_1 - x_2 + x_3 - 2x_4 = 2, \\
2x_1 \quad - x_3 + 4x_4 = 4, \\
3x_1 + 2x_2 + x_3 \quad = -1, \\
-x_1 + 2x_2 - x_3 + 2x_4 = -4。
\end{cases}
$$

解：首先输入命令，生成系数矩阵 A 和右端向量 b。

```
>> A = [1 -1 1 -2;2 0 -1 4;3 2 1 0; -1 2 -1 2];
>> b = [2 4 -1 -4]';
```

调用命令：

```
>> r = rank (A)
```

得到 $r = 4$。

结果说明，非齐次线性方程组的系数矩阵 A 的秩为 4。因为方程组中方程的个数等于未知数的个数，而且系数矩阵 A 的秩等于未知数的个数，所以这个方程组有唯一解。这是我们刚刚讨论过的第一种情形，因此我们可以使用命令 $X = \text{inv}(A) * b$，求得方程组的唯一解。

输入命令 $X = \text{inv}(A) * b$，得到：

```
X =
       1.0000
      -2.0000
            0
       0.5000
```

例 3 – 15　求下列 6×5 线性方程组的解。

$$
\begin{cases}
6x_1 + 2x_2 + 3x_3 + 4x_4 + 5x_5 = 80, \\
2x_1 - 3x_2 + 7x_3 + 10x_4 + 13x_5 = 59, \\
3x_1 + 5x_2 + 11x_3 - 16x_4 + 21x_5 = 90, \\
2x_1 - 7x_2 + 7x_3 + 7x_4 + 2x_5 = 22, \\
7x_1 + 3x_2 - 5x_3 + 3x_4 + 10x_5 = 85, \\
13x_1 + 5x_2 - 2x_3 + 7x_4 + 15x_5 = 165。
\end{cases}
$$

解：首先生成系数矩阵 A 和右端向量 b，输入命令：

```
>>A = [6 2 3 4 5;2 -3 7 10 13; 3 5 11 -16 21; 2 -7 7 7 2;
       7 3 -5 3 10;  13 5 -2 7 15];
>> b = [ 80 59 90 22 85 165]';
>> r = rank (A)
```

得到 $r = 5$。结果说明方程组的系数矩阵的秩为 5。

输入命令：

```
>> r1 = rank([A, b])
```

得到 r1 =5。这个结果说明方程组的增广矩阵的秩为5。因为方程组的系数矩阵的秩等于其增广矩阵的秩，等于未知数的个数，所以这个方程组有唯一解。

输入命令：

```
>>  X = A \ b
```

得到：

```
X =
    9.0000
    3.0000
    2.0000
    1.0000
    2.0000
```

这是方程组的唯一解。

例 3-16 求下列线性方程组的解：

$$\begin{cases} x_1 & -x_2 & -x_3 & +2x_4 = 2, \\ 2x_1 & -2x_2 & +x_3 & -5x_4 = 1, \\ x_1 & -x_2 & +2x_3 & -7x_4 = -1。 \end{cases}$$

解：生成系数矩阵 **A** 和右端向量 **b**，输入命令：

```
>> A = [1 -1 -1 2;  2 -2 1 -5;  1 -1 2 -7];
>> b = [2 1 -1]';
```

输入命令：

```
>> r = rank(A)
```

得到 r =2。

输入命令：

```
>> r1 = rank([A, b])
```

得到 r1 =2。因为方程组的系数矩阵的秩等于其增广矩阵的秩，小于未知数的个数，所以方程组 **AX = b** 有无穷多个解。

输入命令：

```
>>  X0 = A \ b
```

得到：

```
X0 =
        0
     -4 /3
        0
      1 /3
```

这是方程组的一个特解。然后输入命令：

```
>> B = null(A, 'r')
```

得到：

B =

1	1
1	0
0	3
0	1

将矩阵 $\boldsymbol{B}$ 的两列分别记为 $\boldsymbol{\xi}_1 = \begin{pmatrix} 1 \\ 1 \\ 0 \\ 0 \end{pmatrix}$，$\boldsymbol{\xi}_2 = \begin{pmatrix} 1 \\ 0 \\ 3 \\ 1 \end{pmatrix}$，于是 $\boldsymbol{\xi}_1$ 和 $\boldsymbol{\xi}_2$ 是导出方程组的一个基础解系。

因此，方程组的通解为 $\boldsymbol{X} = \boldsymbol{X}_0 + c_1\boldsymbol{\xi}_1 + c_2\boldsymbol{\xi}_2$，$c_1$，$c_2 \in \mathbf{R}$。

例 3 – 17　数据拟合。已知一物体做匀加速直线运动，实验测得一组时间 – 位移数据，如表 3 – 5 所示。

表 3 – 5

$t_i(s)$	0.1	0.2	0.3	0.4	0.5
$s_i(m)$	0.045	0.120	0.200	0.330	0.520

根据实验数据确定物体运动的位移－时间函数。

解：用 s 表示物体运动的位移，t 表示时间，v 表示初速度，a 表示加速度。设 $s = vt + \frac{1}{2}at^2$，将 5 组实验数据代入方程组得：

$$\begin{cases} 0.1v + 0.5 \times 0.1^2 a = 0.045, \\ 0.2v + 0.5 \times 0.2^2 a = 0.12, \\ 0.3v + 0.5 \times 0.3^2 a = 0.2, \\ 0.4v + 0.5 \times 0.4^2 a = 0.33, \\ 0.5v + 0.5 \times 0.5^2 a = 0.52。 \end{cases}$$

输入命令，生成系数矩阵 $\boldsymbol{A}$ 和右端向量 $\boldsymbol{b}$：

```
>>A = [0.1 0.005;0.2 0.02;0.3 0.045;0.4 0.08;0.5 0.125];
>>b = [0.045 0.12 0.2 0.33 0.52]';
```

输入命令：

```
>>r = rank (A)
```

得到 r = 2。于是方程组的系数矩阵的秩为 2。

输入命令：

```
>>r1 = rank ( [A, b])
```

得到 r1 = 3，所以方程组的增广矩阵的秩为 3。因方程组系数矩阵的秩小于其增广矩阵的秩，所以方程组 $\boldsymbol{AX} = \boldsymbol{b}$ 无解。

我们来求它的最小二乘解。输入命令：

```
>>X = pinv (A) *b
```

得到：

```
X =
      0.2111
      3.2391
```

因此，位移 – 时间的近似函数为 $s = 0.21t + 1.62t^2$。

3.4 线性方程组的几何意义与应用

在这一小节里，通过绘制二元方程组和三元方程组的图形研究线性方程组的几何意义。

例 3 – 18 求解下列方程组，并画出二维图形，表示方程组解的情况：

(1) $\begin{cases} 2x_1 + x_2 = 3, \\ 3x_1 - x_2 = 2; \end{cases}$ (2) $\begin{cases} x_1 + 2x_2 = -5, \\ 3x_1 + 6x_2 = 2; \end{cases}$

(3) $\begin{cases} x_1 + 2x_2 = 3, \\ 2x_1 + 4x_2 = 6; \end{cases}$ (4) $\begin{cases} 2x_1 + x_2 = 3, \\ 3x_1 - x_2 = 2, \\ x_1 + x_2 = 2。 \end{cases}$

解：用 $B1$，$B2$，$B3$，$B4$ 表示 4 个方程组的增广矩阵。输入命令：

```
>>B1 = [2 1 3; 3 -1 2];
>>B2 = [1 2 -5; 3 6 2];
>>B3 = [1 2 3; 2 4 6];
>>B4 = [2 1 3; 3 -1 2; 1 1 2];
>>U1 = rref (B1)
>>U2 = rref (B2)
>>U3 = rref (B3)
>>U4 = rref (B4)
```

得到：

```
U1 =
     1     0     1
     0     1     1
U2 =
     1     2     0
     0     0     1
U3 =
     1     2     3
     0     0     0
     0     0     0
U4 =
     1     0     1
     0     1     1
     0     0     0
```

从 4 个方程组的增广矩阵的简化阶梯形可以看出，方程组（1）有唯一解 $X = \begin{pmatrix} 1 \\ 1 \end{pmatrix}$；方程组（2）无解；方程组（3）有无穷多个解，通解 $X = \begin{pmatrix} 3 \\ 0 \end{pmatrix} + c \begin{pmatrix} -2 \\ 1 \end{pmatrix}$，$c$ 为任意常数；方程组（4）有唯一解 $X = \begin{pmatrix} 1 \\ 1 \end{pmatrix}$。

我们编制了 MATLAB 程序，画出 4 个方程组的图形。程序如下：

```
subplot (2, 2, 1);
h1 = ezplot ('2 * x1 + x2 - 3');
set (h1, 'color', 'b', 'linewidth', 2)
hold on
h2 = ezplot ('3 * x1 - x2 - 2');
set (h2, 'color', 'r', 'linewidth', 2)
title ('方程组 1'); grid on

subplot (2, 2, 2);
h1 = ezplot ('x1 + 2 * x2 + 5');
set (h1, 'color', 'b', 'linewidth', 2)
hold on
h2 = ezplot ('3 * x1 + 6x2 - 2');
set (h2, 'color', 'r', 'linewidth', 2)
title ('方程组 2'); grid on

subplot (2, 2, 3);
h1 = ezplot ('x1 + 2 * x2 - 3');
set (h1, 'color', 'b', 'linewidth', 2)
hold on
h2 = ezplot ('2 * x1 - 4 * x2 - 6');
set (h2, 'color', 'r', 'linewidth', 2)
title ('方程组 3'); grid on

subplot (2, 2, 4);
h1 = ezplot ('2 * x1 + x2 - 3');
set (h1, 'color', 'b', 'linewidth', 2)
hold on
h2 = ezplot ('3 * x1 - x2 - 2');
set (h2, 'color', 'r', 'linewidth', 2)
h3 = ezplot ('x1 + x2 - 2');
```

```
set (h3,'color','g','linewidth', 2)
title ('方程组4'); grid on
```

在每段程序里，我们调用 ezplot 命令，画出方程组中每个方程所表示的直线，如图 3 − 3 所示。

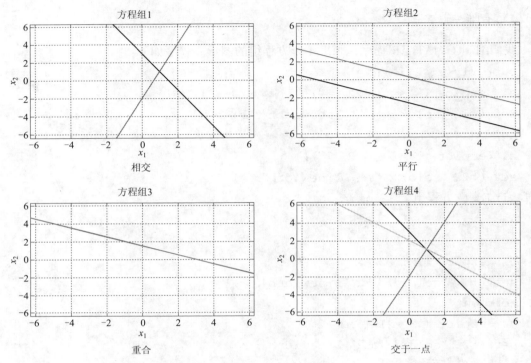

图 3 − 3

从图 3 − 3 中可以看出，方程组（1）的图形是两条相交的直线，交点即方程组的唯一解；方程组（2）的图形是两条平行的直线，没有交点，对应着方程组（2）无解；方程组（3）的图形是两条重合的直线，直线上所有的点都是方程组的解，意味着方程组（3）有无穷多个解；方程组（4）的图形是三条交于一点的直线，对应着方程组（4）有唯一解。

例 3 − 19　判别下列方程组解的情况，并且画出三维图形：

$$(1)\begin{cases} x_1 + 5x_2 - x_3 = 8, \\ 3x_1 - 3x_2 - x_3 = -6, \\ 2x_1 + x_2 + x_3 = 7; \end{cases} \qquad (2)\begin{cases} x_1 + x_2 - x_3 = 0, \\ 2x_1 + x_2 - x_3 = 0, \\ 5x_1 - 2x_2 + 2x_3 = 0; \end{cases}$$

$$(3)\begin{cases} x_1 - 2x_2 - x_3 = 4, \\ x_1 + 3x_2 - x_3 = 6, \\ x_1 + 3x_2 - x_3 = 20; \end{cases} \qquad (4)\begin{cases} 3x_2 - x_3 = 5, \\ 5x_2 + 2x_3 = 10, \\ x_3 = 11。 \end{cases}$$

我们编制 MATLAB 程序，判别 4 个方程组解的情况，并且绘制它们的图形。在程序的第一小段中，用 rref 命令求解方程组（1）的增广矩阵的简化阶梯形，用 ezmesh 绘制方程组（1）中 3 个方程的图形。

```
A1 = [1 5 -1; 3 -3 -1; 2 1 1];
```

```
b1 = [8; -6; 7];
U1 = rref ( [A1, b1])
subplot (2, 2, 1);
ezmesh ('x1 + 5 * x2 - 8');
hold on
ezmesh ('3 * x1 - 3 * x2 + 6');
ezmesh ('2 * x1 + x2 / 2 - 7');
title ('方程组 1');
```

类似地，在程序的第二小段、第三小段和第四小段分别给出方程组（2）、方程组（3）和方程组（4）的计算和图形结果。

我们得到的数据结果为 4 个方程组的增广矩阵的简化阶梯形：

```
U1 =
    1  0  0  1
    0  1  0  2
    0  0  1  3

U2 =
    1  0   0  0
    0  1  -1  0
    0  0   0  0

U3 =
    1  0  -1  0
    0  1   0  0
    0  0   0  1

U4 =
    0  1  0  0
    0  0  1  0
    0  0  1  0
    0  0  0  1
```

从简化阶梯形可以看出，方程组（1）有唯一解，方程组（2）有无穷多个解，方程组（3）和方程组（4）无解。方程组的图形也显示了同样的结果，方程组（1）的图形是三个平面交于一点，该点坐标即方程组（1）的唯一解；方程组（2）的图形是三个平面交于一条直线，直线上的所有点都是方程组（2）的解，意味着方程组（2）有无穷多个解；方程组（3）的图形是两个平面平行和第三个平面相交，三个平面无公共交点，对应着方阵组（3）无解；方程组（4）的三个平面两两相交，但三个平面无公共交点，所以方程组（4）无解。方程组中每个方程所表示的图形如图 3-4 所示。

下面给出两个方程组的应用实例。

例 3-20　已知某人一天的营养需求量：蛋白质 24.2 g，脂肪 9 g，碳水化合物 60.3 g，钙 389 mg，铁 8.7 mg，锌 5.7 mg。根据表 3-6 给出的营养成分表（每 100 g），求满足需求的营养餐配方。

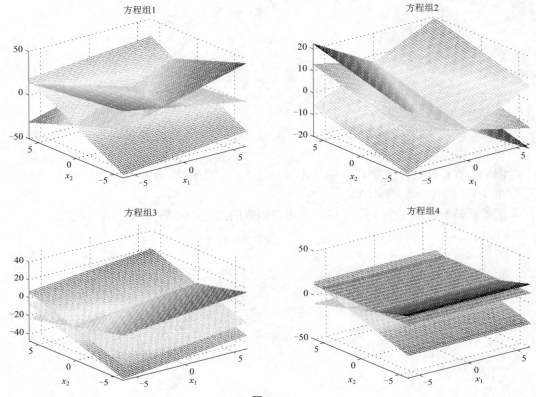

图 3 - 4

表 3 - 6

食物\营养	大米	豆腐	牛肉	油菜	萝卜	需求
蛋白质/g	8.3	7.4	20.1	2.6	1.4	24.2
脂肪/g	2.5	3.5	10.2	0.4	0.2	9
碳水化合物/g	74.2	2.7	1.2	2	8.8	60.3
钙/mg	14	277	7.2	106	32	389
铁/mg	2.3	1.9	4.4	1.2	1.5	8.7
锌/mg	1.7	1.2	6.9	0.3	0.3	5.7

解：设 5 种食物的用量分别为 x_1，x_2，$\cdots$，x_5 个单位，根据所给数据列出如下方程组：

$$\begin{cases} 8.3x_1 + 7.4x_2 + 20.1x_3 + 2.6x_4 + 1.4x_5 = 24.2, \\ 2.5x_1 + 3.5x_2 + 10.2x_3 + 0.4x_4 + 0.2x_5 = 9, \\ 74.2x_1 + 2.7x_2 + 1.2x_3 + 2x_4 + 8.8x_5 = 60.3, \\ 14x_1 + 277x_2 + 7.2x_3 + 106x_4 + 32x_5 = 389, \\ 2.3x_1 + 1.9x_2 + 4.4x_3 + 1.2x_4 + 1.5x_5 = 8.7, \\ 1.7x_1 + 1.2x_2 + 6.9x_3 + 0.3x_4 + 0.3x_5 = 5.7_\circ \end{cases}$$

下面求方程组的解。首先输入命令，生成系数矩阵 **A** 和右端向量 **b**。

```
>> A = [8.3   7.4   20.1   2.6   1.4
        2.5   3.5   10.2   0.4   0.2
        74.2  2.7   1.2    2     8.8
        14    277   7.2    106   32
        2.3   1.9   4.4    1.2   1.5
        1.7   1.2   6.9    0.3   0.3];
>> b = [24.2  9   60.3   389   8.7   5.7] ';
```

输入：

```
>> r = rank (A)
```

得到 r = 5。因此，方程组的秩为 5。

输入：

```
>> r1 = rank ( [A  b])
```

得到 r1 = 6，即增广矩阵的秩为 6，所以方程组无解。实际上，这个问题只要给出 5 种食物的一个最佳搭配方案，因此可以求它的最小二乘解。

求最小二乘解，输入命令：

```
>> X = A \ b
```

得到：

```
X =
    0.5265
    0.7069
    0.4488
    1.1657
    1.8442
```

根据得到的解 **X**，可以得到营养餐配比方案：

大米：53 g

豆腐：71 g

牛肉：45 g

油菜：117 g

萝卜：184 g

例 3 – 21　城市交通模型。

图 3 – 5 所示为某城市的局部交通图。图中每一条道路都是单行道，图中数字表示某一个时段该路段的机动车流量。假设进入和离开每一个十字路口（节点）的车辆数相等。计算交通流量 x_1, x_2, …, x_6。

解：根据已知数据写出每个节点的流量方程：

A：$20 + 50 = x_1 + x_6$　　　　B：$20 + x_1 = 40 + x_2$

C：$88 + x_2 = 30 + x_3$　　　　D：$x_5 + x_6 = 18 + 26$

E：$25 + x_4 = 20 + x_5$　　　　F：$25 + x_3 = 94 + x_4$

将以上方程整理成方程组：

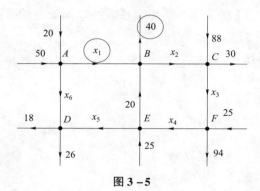

图 3 – 5

$$\begin{cases} x_1 & + x_6 = 70, \\ x_1 - x_2 & = 20, \\ x_2 - x_3 & = -58, \\ x_5 + x_6 = 44, \\ x_4 - x_5 & = -5, \\ x_3 - x_4 & = 69。 \end{cases}$$

首先输入命令生成矩阵 A 和向量 b。

>> A = [1 0 0 0 0 1;1 -1 0 0 0 0;0 1 -1 0 0 0;0 0 0 0 1 1;
    0 0 0 1 -1 0;0 0 1 -1 0 0];

>> b = [70 20 -58 44 -5 69]';

调用命令：

>> r = rank (A)

得到 r = 5，则系数矩阵的秩为 5。

>> r1 = rank ([A b])

得到 r1 = 5，于是增广矩阵的秩为 5。因为这个方程组的系数矩阵的秩等于增广矩阵的秩，小于方程组未知数的个数，所以方程组有无穷多个解。

由命令

>> X0 = A \ b

求得方程组的一个特解

X0 =

         70
         50
        108
         39
         44
          0

由命令

>> X = null (A, 'r')

得到方程组的导出方程组的基础解系

```
X =
      -1
      -1
      -1
      -1
      -1
       1
```

因此，方程组的通解为 $X_0 + cX$。根据实际意义，要求 $x_1 \sim x_6$ 为非负整数，所以这里的 c 是 0 到 39 之间的任意整数。

例 3 – 22　某大学组织全校二年级学生进行定向越野比赛，比赛以组为单位进行。在分组过程中发现，若 3 个人一组，最后剩余 2 人；若 5 人一组，则最后余 3 人；若 7 人一组，最后也余 2 人。已知全校二年级学生人数为 800 ~ 1 000。问：全校二年级学生有多少人？

解：设全校学生人数为 x_4，按 3 人一组可分为 x_1 组，按 5 人一组可分为 x_2 组，按 7 人一组可分为 x_3 组，这里 x_1，x_2，x_3 中均未计剩余人员。根据已知条件可得下列方程组：

$$\begin{cases} 3x_1 - x_4 = -2, \\ 5x_2 - x_4 = -3, \\ 7x_3 - x_4 = -2。 \end{cases}$$

输入命令：

```
>> format rat
>> A = [3 0 0 -1 -2; 0 5 0 -1 -3; 0 0 7 -1 -2];
>> rref (A)
```

得到：

```
ans =
     1   0   0   -1/3   -2/3
     0   1   0   -1/5   -3/5
     0   0   1   -1/7   -2/7
```

因为方程组的系数矩阵的秩等于增广矩阵的秩，小于未知数的个数，所以方程组有无穷多个解。方程组的通解为

$$\begin{cases} x_1 = -\dfrac{2}{3} + \dfrac{1}{3}x_4, \\[2mm] x_2 = -\dfrac{3}{5} + \dfrac{1}{5}x_4, \\[2mm] x_3 = -\dfrac{2}{7} + \dfrac{1}{7}x_4。 \end{cases}$$

其中，x_4 为自由未知数。

令 $x_4 = 23 + 105k$，则通解可表示为

$$\begin{cases} x_1 = 7 + 35k, \\ x_2 = 4 + 21k, \\ x_3 = 3 + 15k, \\ x_4 = 23 + 105k。 \end{cases}$$

其中，k 为正整数。

根据已知条件，有 $800 < x_4 < 1\,000$，从而 $777 < 105k < 977$。满足此条件的 k 只有两个整数值：$k = 8$，$k = 9$。因此，全校二年级学生人数为 863 或 968。

3.5　行列式及其应用

计算矩阵的行列式的 MATLAB 命令为 det(A)。

例3-23　已知阶矩阵 $A = \begin{pmatrix} 7 & -3 & 2 & -3 \\ 11 & -2 & 3 & -4 \\ -5 & 4 & -6 & 3 \\ 3 & -9 & 2 & -5 \end{pmatrix}$，计算 A 的行列式。

解：输入命令：

```
>> A = [7 -3 2 -3;11 -2 3 -4;-5 4 -6 3;3 -9 2 -5];
>> D = det (A)
```

得到 D = 131，于是 $\det A = 131$。

det 命令也可以用于计算含有参数的矩阵的行列式。

例3-24　设 $A = \begin{pmatrix} a & 2b & a+2b \\ a & a+3c & a+3c \\ a & a+4d & a+4d \end{pmatrix}$，计算 A 的行列式。

解：输入命令：

```
>> syms a b c d;        %定义a, b, c, d为符号变量
>> A = [a 2*b a+2*b;a a+3*c a+3*c;a a+4*d a+4*d];
>> D = det (A)
```

得到 D = 4 * a^2 * d − 3 * a^2 * c，因此，$\det A = a^2(4d - 3c)$。

我们知道，方阵的行列式有几个性质：

（1）如果互换 n 阶矩阵 A 的第 s，t 两列得到的矩阵为 B，那么 $\det B = -\det A$；

（2）如果 n 阶矩阵 A 的第 t 列乘常数 c 得到的矩阵为 B，那么 $\det B = c \cdot \det A$；

（3）如果 n 阶矩阵 A 的第 t 列的 k 倍加到第 s 列得到的矩阵为 B，那么 $\det B = \det A$；

（4）如果 A 是 n 阶矩阵，那么 $\det(A^{\mathrm{T}}) = \det A$。

利用 MATLAB 可以验证行列式的上述性质。

例3-25　构造一个5阶随机整数矩阵 A，验证 A 的行列式满足性质（1）～性质（4）。

解：输入命令：

```
>> A = round (10 * randn (5))
```

得到：

```
A =
     8    -6   -21     1    29
    -9     5    -8    14     8
     1     7    14   -20    14
    -5    17   -11    -2   -11
     3    -2    10   -12    -5
```

输入命令：

```
>> D=det (A)
```

得到 D = -576508，因此 det$A$ = -576508。

（1）输入命令：

```
>> A1 (:, [1 3]) =A (:, [3 1]);          %互换矩阵 A 的 1，3 两列
>> D1=det (A1);
>> e1=D1/D
```

得到 e1 = -1，因此 D1 = -D。

（2）输入命令：

```
>> A2 (:,1) =3A (:,1);            %将 A 的第 1 列乘 33
>> D2=det (A2);
>> e2=D2/D
```

得到 e2 = 3，因此 D2 = 3D。

（3）输入命令：

```
>> A3 (:,1) =A (:,1) +2*A (:,3);       %将 A 的第 3 列的 2 倍加到第 1 列
>> D3=det (A3);
>> e3=D2/D
```

得到 e3 = 1，因此 D3 = D。

（4）输入命令：

```
>> A4=A';          %将 A 转置
>> D4=det (A4);
>> e4=D4/D
```

得到 e4 = 1，因此 D4 = D。

设 $n \geq 2$ 是正整数，$A = (a_{ij})$ 是 n 阶矩阵，我们知道

$$a_{h1}A_{i1} + a_{h2}A_{i2} + \cdots + a_{hn}A_{in} = \begin{cases} |A|, & h=i, \\ 0, & h \neq i; \end{cases}$$

$$a_{1j}A_{1k} + a_{2j}A_{2k} + \cdots + a_{nj}A_{nk} = \begin{cases} |A|, & j=k, \\ 0 & j \neq k. \end{cases}$$

例 3-26　构造一个 6 阶随机整数矩阵，验证行列式按任意一行展开的性质。

解：输入命令：

```
>> A=round (10*randn (6));
>> D=det (A);
>> c=0;
>> for j=1:6
        B=A;
        B (2,:) = [];   %去掉矩阵 A 的第 2 行
        B (:,j) = [];   %去掉矩阵 A 的第 j 列
        c=c+A (2,j) * (-1) ^(2+j) *det (B);
    end
```

```
>> e = D - c;
```
得到 e = 0，因此此行列式按照一行（或一列）展开的性质成立。

在线性代数课程中，我们了解到行列式可用于求解线性方程组（克莱姆法则）。设 $AX = b$ 是 $n \times n$ 线性方程组，其中 $A = (\boldsymbol{\alpha}_1, \boldsymbol{\alpha}_2, \cdots, \boldsymbol{\alpha}_n)$，对所有的 $i \in \{1, 2, \cdots, n\}$，记 $\boldsymbol{B}_i = (\boldsymbol{\alpha}_1, \boldsymbol{\alpha}_2, \cdots, \boldsymbol{\alpha}_{i-1}, \boldsymbol{b}, \boldsymbol{\alpha}_{i+1}, \boldsymbol{\alpha}_{i+2}, \cdots, \boldsymbol{\alpha}_n)$。如果 $\det A \neq 0$，那么线性方程组 $AX = b$ 有唯一解

$$X = \frac{1}{\det \boldsymbol{A}} \begin{pmatrix} \det \boldsymbol{B}_1 \\ \det \boldsymbol{B}_2 \\ \vdots \\ \det \boldsymbol{B}_n \end{pmatrix}$$

例 3 - 27　用克莱姆法则解下列线性方程组：

$$\begin{cases} 2x_1 + x_2 - 5x_3 + x_4 = 8, \\ x_1 - 3x_2 \qquad - 6x_4 = 9, \\ \qquad 2x_2 - x_3 + 2x_4 = -5, \\ x_1 + 4x_2 - 7x_3 + 6x_4 = 0。 \end{cases}$$

解：输入命令：

```
>> A = [2 1 -5 1; 1 -3 0 -6; 0 2 -1 2; 1 4 -7 6]; b = [8 9 -5 0]';
>> for i = 1: 4
        B = A;
        B (:, i) = b;            % 用 b 替换 A 的第 i 列
        X (i) = det (B) /det (A);
     End
>> X = X'
```
得到：
```
X =

        3
       -4
       -1
        1
```

因此，方程组的解为 $X = \begin{pmatrix} 3 \\ -4 \\ -1 \\ 1 \end{pmatrix}$。

此外，2 阶、3 阶行列式还有比较明确的几何意义。比如以二维平面 $\mathbf{R}^2$ 上的向量 $\overrightarrow{OP_1} = (x_1, y_1)$，$\overrightarrow{OP_2} = (x_2, y_2)$ 为邻边构成的平行四边形，其面积 S 等于行列式

$$\det \begin{pmatrix} x_1 & y_1 \\ x_2 & y_2 \end{pmatrix}$$

的绝对值。

以立体空间 $\mathbf{R}^3$ 中的三个向量 $\overrightarrow{OP_1} = (x_1, y_1, z_1)$，$\overrightarrow{OP_2} = (x_2, y_2, z_2)$，$\overrightarrow{OP_3} = (x_3, y_3, z_3)$ 为邻边构成的平行六面体，其体积 Ω 等于行列式

$$\det \begin{pmatrix} x_1 & y_1 & z_1 \\ x_2 & y_2 & z_2 \\ x_3 & y_3 & z_3 \end{pmatrix}$$

的绝对值。

例 3-28　求由原点 O 和点 $P_1(1, 0, -2)$，$P_2(1, 2, 4)$，$P_3(7, 1, 0)$ 构成的平行六面体的体积。

解：输入命令：

```
>> A = [1 0 -2;1 2 4;7 1 0]
>> V = abs (det (A))
```

得到 $V = 22$。因此，平行六面体的体积等于 22。

3.6　方阵的特征值和特征向量

对于方阵，我们可以计算其特征值和相应的特征向量，这些特征值和特征向量有怎样的几何意义呢？

例 3-29　设 $A = \begin{pmatrix} 1 & 2 \\ 2 & 1 \end{pmatrix}$，$X$ 为 $\mathbf{R}^2$ 中的单位向量，观察 AX。

解：取 $X \in \mathbf{R}^2$，设 $AX = Y$，则 A 可以看成一个从 $\mathbf{R}^2$ 到 $\mathbf{R}^2$ 的映射。用 MATLAB 中 eigshow 来演示 AX 的结果。输入命令：

```
>> A = [1 2; 2 1];
>> eigshow (A);
```

得到如图 3-6 所示图形。

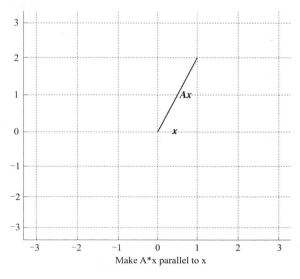

图 3-6

拖动鼠标，将 X 沿着逆时针方向旋转，AX 随 X 变化而变化，旋转一周后，X 的轨迹为单位圆，AX 的轨迹为椭圆。在旋转过程中发现 AX 与 X 有 4 次共线。不难发现，当 $X = \begin{pmatrix} 1/\sqrt{2} \\ 1/\sqrt{2} \end{pmatrix}$ 或 $\begin{pmatrix} -1/\sqrt{2} \\ 1/\sqrt{2} \end{pmatrix}$ 时，AX 与 X 共线，即存在某个常数 λ，使得 $AX = \lambda X$。

我们截取了几个关键时刻的图形，如图 3－7～图 3－9 所示。

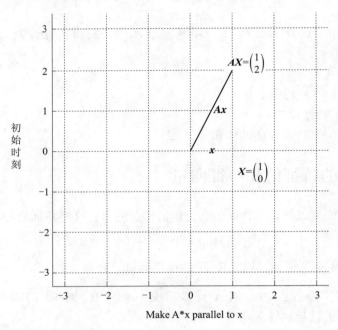

图 3－7

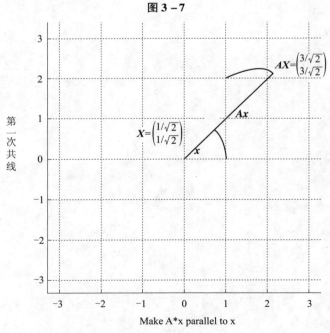

图 3－8

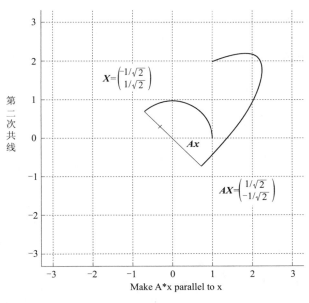

图 3 - 9

实际上，经过计算可以得到：

$$AX_1 = \begin{pmatrix} 2 & 1 \\ 1 & 2 \end{pmatrix} \begin{pmatrix} 1/\sqrt{2} \\ 1/\sqrt{2} \end{pmatrix} = \begin{pmatrix} 3/\sqrt{2} \\ 3/\sqrt{2} \end{pmatrix} = 3X_1$$

$$AX_2 = \begin{pmatrix} 2 & 1 \\ 1 & 2 \end{pmatrix} \begin{pmatrix} -1/\sqrt{2} \\ 1/\sqrt{2} \end{pmatrix} = \begin{pmatrix} 1/\sqrt{2} \\ -1/\sqrt{2} \end{pmatrix} = (-1)\ X_2$$

这个例子说明，对于给定的 2 阶矩阵来说，存在非零向量 X，使得 AX 与 X 次共线。这样的向量 X 就叫作矩阵的特征向量。

矩阵 A 与向量 X 相乘，可以看成矩阵对向量的变换。一般来说，向量在变换的作用下将发生旋转、反射和放大、缩小，但对于每一个矩阵来说，总存在那么一些特殊的向量，在对其变换的作用下，向量的方向不变，而仅长短发生变化，这种向量就是所谓的**特征向量**。而特征向量经 A 变换后的向量的长度与特征向量长度的比值就是所谓的**特征值**。

设 A 是 n 阶矩阵，如果存在常数 λ 与非零向量 $X = (x_1, x_2, \cdots, x_n)^T$，使得 $AX = \lambda X$，那么常数 λ 称为矩阵 A 的**特征值**，向量 X 称为矩阵 A 的属于特征值 λ 的**特征向量**。

用 MATLAB 计算特征值和特征向量的命令有两种调用格式：

（1）d = eig(A)；　　　% 仅计算 A 的特征值，以向量形式 d 存放

（2）[V, D] = eig(A)。　% V 是由特征向量按列排成的矩阵，使 $AV = VD$ 成立

例 3 - 30　已知 5 阶方阵 $A = \begin{pmatrix} 11 & -6 & 4 & -10 & -4 \\ -3 & 5 & -2 & 4 & 1 \\ -8 & 12 & -3 & 12 & 4 \\ 1 & 6 & -2 & 3 & -1 \\ 8 & -18 & 8 & -14 & -1 \end{pmatrix}$，求 A 的特征值和特征向量。

解：输入命令：

```
>>A = [11 -6 4 -10 -4; -3 5 -2 4 1; -8 12 -3 12 4; 1 6 -2 3 -1; 8 -18 8
-14 -1];
>> [V, D] = eig (A)
```

得到：

```
V =
    -0.3244    -0.4983    -0.7759    -0.2343    -0.5752
     0.1622     0.1878     0.0887    -0.0186     0.3890
     0.6489     0.5633     0.2660     0.5059     0.3724
     0.1622     0.0650    -0.5098     0.2903    -0.5919
    -0.6489    -0.6284     0.2438    -0.7775    -0.1695
D =
     3     0     0     0     0
     0     5     0     0     0
     0     0     5     0     0
     0     0     0     1     0
     0     0     0     0     1
```

因此 A 的特征值为 $\lambda_1 = 3$，$\lambda_2 = \lambda_3 = 5$，$\lambda_4 = \lambda_5 = 1$。令

$$\boldsymbol{\xi}_1 = \begin{pmatrix} -0.324\ 4 \\ 0.162\ 2 \\ 0.648\ 9 \\ 0.162\ 2 \\ -0.648\ 9 \end{pmatrix}, \boldsymbol{\xi}_2 = \begin{pmatrix} -0.498\ 3 \\ 0.187\ 8 \\ 0.563\ 3 \\ 0.065\ 0 \\ -0.628\ 4 \end{pmatrix}, \boldsymbol{\xi}_3 = \begin{pmatrix} -0.775\ 9 \\ 0.088\ 7 \\ 0.266\ 0 \\ -0.509\ 8 \\ 0.243\ 8 \end{pmatrix}, \boldsymbol{\xi}_4 = \begin{pmatrix} -0.234\ 3 \\ -0.018\ 6 \\ 0.505\ 9 \\ 0.290\ 3 \\ -0.777\ 5 \end{pmatrix}, \boldsymbol{\xi}_5 = \begin{pmatrix} -0.575\ 2 \\ 0.389\ 0 \\ 0.372\ 4 \\ -0.591\ 9 \\ -0.169\ 5 \end{pmatrix}。$$

A 的属于特征值 3 的特征向量为 $k_1\boldsymbol{\xi}_1$，属于特征值 5 的特征向量为 $k_2\boldsymbol{\xi}_2 + k_3\boldsymbol{\xi}_3$，属于特征值 1 的特征向量为 $k_4\boldsymbol{\xi}_4 + k_5\boldsymbol{\xi}_5$，其中 k_1 是非零常数，k_2，k_3 为不同时为零的常数，k_4，k_5 为不同时为零的常数。

实际上也可以按照特征值的定义求给定矩阵的特征值与特征向量。输入以下一组命令：

```
>> format rat
>> d = eig (A);
>> B1 = d (1) * eye (5) -A;
>> P1 = null (B1, 'r')    %计算方阵 A 的属于特征值 3 的特征向量
>> B2 = d (2) * eye (5) -A;
>> P2 = null (B2, 'r')    %计算方阵 A 的属于特征值 5 的特征向量
>> B3 = d (4) * eye (5) -A;
>> P3 = null (B3, 'r')    %计算方阵 A 的属于特征值 1 的特征向量
```

得到：

P1 =

$$\frac{1}{2}$$

$$-\frac{1}{4}$$

$$-1$$

$$-\frac{1}{4}$$

$$1$$

P2 =

$$\begin{array}{cc} 2 & 1 \\ -\dfrac{1}{3} & -\dfrac{1}{3} \\ -\dfrac{1}{3} & -\dfrac{1}{3} \\ 1 & 0 \\ 0 & 1 \end{array}$$

P3 =

$$\begin{array}{cc} \dfrac{4}{5} & \dfrac{3}{5} \\ -\dfrac{3}{5} & -\dfrac{1}{5} \\ -\dfrac{4}{5} & -\dfrac{4}{5} \\ 1 & 0 \\ 0 & 1 \end{array}$$

令

$$\boldsymbol{\xi}_1 = \begin{pmatrix} 1/2 \\ -1/4 \\ -1 \\ -1/4 \\ 1 \end{pmatrix}, \boldsymbol{\xi}_2 = \begin{pmatrix} 2 \\ -1/3 \\ -1/3 \\ 1 \\ 0 \end{pmatrix}, \boldsymbol{\xi}_3 = \begin{pmatrix} 1 \\ -1/3 \\ -1/3 \\ 0 \\ 1 \end{pmatrix}, \boldsymbol{\xi}_4 = \begin{pmatrix} 4/5 \\ -3/5 \\ -4/5 \\ 1 \\ 0 \end{pmatrix}, \boldsymbol{\xi}_5 = \begin{pmatrix} 3/5 \\ -1/5 \\ -4/5 \\ 0 \\ 1 \end{pmatrix}。$$

于是，$\boldsymbol{A}$ 的属于特征值 $\lambda_1 = 3$ 的全部特征向量为 $k_1\boldsymbol{\xi}_1$，属于特征值 $\lambda_2 = \lambda_3 = 5$ 的全部特征向量为 $k_2\boldsymbol{\xi}_2 + k_3\boldsymbol{\xi}_3$，属于特征值 $\lambda_4 = \lambda_5 = 1$ 的全部特征向量为 $k_4\boldsymbol{\xi}_4 + k_5\boldsymbol{\xi}_5$，其中常数 k_1 不为零，k_2，k_3 不全为零，k_4，k_5 不全为零。

3.7　方阵的相似对角化

设 $\boldsymbol{A}$ 为 n 阶矩阵，如果存在 n 阶可逆矩阵 $\boldsymbol{P}$，使得 $\boldsymbol{P}^{-1}\boldsymbol{AP} = \boldsymbol{D}$ 为对角矩阵，则称 $\boldsymbol{A}$ 可以**相似对角化**。根据线性代数中的定理，n 阶矩阵 $\boldsymbol{A}$ 可相似对角化的充分必要条件是 $\boldsymbol{A}$ 有 n 个线性无关的特征向量。

例 3 − 31　判断下列实矩阵是否可以相似对角化，若可以相似对角化，求出可逆矩阵 $\boldsymbol{P}$ 和相应的对角矩阵 $\boldsymbol{D}$。

$$（1）\boldsymbol{A} = \begin{pmatrix} 11 & -6 & 4 & -10 & -4 \\ -3 & 5 & -2 & 4 & 1 \\ -8 & 12 & -3 & 12 & 4 \\ 1 & 6 & -2 & 3 & -1 \\ 8 & -18 & 8 & -14 & -1 \end{pmatrix};$$

$$（2）\ \boldsymbol{B} = \begin{pmatrix} -2 & 1 & -2 \\ -5 & 3 & -3 \\ 1 & 0 & 2 \end{pmatrix}。$$

解：输入命令：

```
>> [V  D] = eig (A)
```

得到：

```
V =
  -0.3244    -0.4983    -0.7759    -0.2343    -0.5752
   0.1622     0.1878     0.0887    -0.0186     0.3890
   0.6489     0.5633     0.2660     0.5059     0.3724
   0.1622     0.0650    -0.5098     0.2903    -0.5919
  -0.6489    -0.6284     0.2438    -0.7775    -0.1695
D =
  3.0000         0         0         0         0
       0    5.0000         0         0         0
       0         0    5.0000         0         0
       0         0         0    1.0000         0
       0         0         0         0    1.0000
```

输入命令：

```
>> r = rank ( V )
```

得到 $r=5$。因为 A 有 5 个线性无关的特征向量，所以矩阵 A 可以相似对角化，取 $P = V$，则 $P^{-1}AP = D$。

（2）输入命令：

```
>> [V D] = eig (B)
```

得到：

```
V =
    0.5774     0.5774    -0.5774
    0.5773     0.5773    -0.5774
   -0.5774    -0.5774     0.5773
D =
   1.0000         0         0
        0    1.0000         0
        0         0    1.0000
```

输入命令：

```
>> r = rank ( V )
```

得到 $r=2$。因为 3 阶矩阵 B 只有 2 个线性无关的特征向量，所以 B 不可以相似对角化。

当 A 为实对称矩阵时，使用命令 schur 或 eig 可以求得正交的相似变换矩阵 Q，使得 $Q^{-1}AQ$ 为对角矩阵。schur 命令的调用格式如下：

```
>> [Q D] = schur (A)
```

得到的结果中，D 是由 A 的特征值构成的对角矩阵，Q 是正交矩阵，满足 $Q^{-1}AQ = D$。

例 3−32 某金融机构为保证现金充分支付，设立一笔总额为 5 400 万元的基金，分开放置在 A 和 B 两家公司，基金在平时可以使用，但每周末结算时必须确保总额不变。经过一段时间的现金流动，发现每过一周，各公司的支付基金在流通过程中多数还留在自己的公司内，A 公司有 10% 支付基金流动到 B 公司，B 公司则有 12% 支付基金流动到 A 公司。起初 A 公司基金为 2 600 万元，B 公司基金为 2 800 万元。

（1）如果按照同样的流动规律，两公司支付基金数额变化趋势如何？

（2）如果金融专家认为每个公司的支付基金不能少于 2 200 万元，那么是否需要在必要时调动基金？

解：设第 $k+1$ 周末结算时，A 公司和 B 公司的支付基金数分别为 a_{k+1}，b_{k+1}（单位：万元），则有 $a_0 = 2\ 600$，$b_0 = 2\ 800$，并且

$$\begin{cases} a_{k+1} = 0.9a_k + 0.12b_k \\ b_{k+1} = 0.1a_k + 0.88b_k \end{cases}$$

于是原问题转化为：

（1）将 a_{k+1}，b_{k+1} 表示成 k 的函数，并确定 $\lim\limits_{k \to +\infty} a_k$ 和 $\lim\limits_{k \to +\infty} b_k$；

（2）确定 $\lim\limits_{k \to +\infty} a_k$ 和 $\lim\limits_{k \to +\infty} b_k$ 是否小于 2 200。

对于（1），因为 $\begin{cases} a_{k+1} = 0.9a_k + 0.12b_k, \\ b_{k+1} = 0.1a_k + 0.88b_k, \end{cases}$ 所以

$$\begin{pmatrix} a_{k+1} \\ b_{k+1} \end{pmatrix} = \begin{pmatrix} 0.9 & 0.12 \\ 0.1 & 0.88 \end{pmatrix}\begin{pmatrix} a_k \\ b_k \end{pmatrix} = \begin{pmatrix} 0.9 & 0.12 \\ 0.1 & 0.88 \end{pmatrix}^2\begin{pmatrix} a_{k-1} \\ b_{k-1} \end{pmatrix} = \cdots = \begin{pmatrix} 0.9 & 0.12 \\ 0.1 & 0.88 \end{pmatrix}^{k+1}\begin{pmatrix} a_0 \\ b_0 \end{pmatrix}$$

令 $A = \begin{pmatrix} 0.9 & 0.12 \\ 0.1 & 0.88 \end{pmatrix}$，则 $\begin{pmatrix} a_{k+1} \\ b_{k+1} \end{pmatrix} = A^{k+1}\begin{pmatrix} a_0 \\ b_0 \end{pmatrix}$。

首先计算 A 的特征值和特征向量。输入命令：

```
>> A = [0.9 0.12; 0.1 0.88];
>> d = eig (A)
>> B1 = d (1) * eye (2) - A;
>> B2 = d (2) * eye (2) - A;
>> X1 = null (B1, 'r')
>> X2 = null (B2, 'r')
```

得到：

```
d =
    1
    0.78
X1 =
    1.2
    1
X2 =
```

$$\begin{matrix} -1 \\ 1 \end{matrix}$$

所以 $\lambda_1 = 1$，$\lambda_2 = 0.78$ 是 A 的两个特征值，相应的特征向量分别为 $\xi_1 = \begin{pmatrix} 1.2 \\ 1 \end{pmatrix}$，$\xi_2 = \begin{pmatrix} -1 \\ 1 \end{pmatrix}$。

接着计算 a_{k+1}，b_{k+1}。

输入命令：

```
>> syms k;
>> format rat
>> P = [1.2 -1; 1 1];
>> Q = inv (P);
>> B = [1 0; 0 0.78^k];
>> A = P * B * Q;
>> [a; b] = A * [2600; 2800]
```

得到：

$$\begin{pmatrix} a_{k+1} \\ b_{k+1} \end{pmatrix} = \begin{pmatrix} \dfrac{32400}{11} - \dfrac{3800}{11}\left(\dfrac{39}{50}\right)^{k+1} \\ \dfrac{27000}{11} + \dfrac{3800}{11}\left(\dfrac{39}{50}\right)^{k+1} \end{pmatrix}$$

因此 $\lim\limits_{k \to +\infty} a_k = \dfrac{32\,400}{11}$，$\lim\limits_{k \to +\infty} b_k = \dfrac{27\,000}{11}$。

对于 (2)，因为 $\dfrac{32\,400}{11} \approx 2\,945.5$，$\dfrac{27\,000}{11} \approx 2\,454.5$，所以二者都大于 2 200，因此不需要调动基金。

例 3 - 33 动力系统与种群生态问题。根据生态学知识，某种动物的生命周期分为 3 个阶段——幼年期、半成年期和成年期。假设每个阶段雄性和雌性的比例为 1∶1，因而可以只计算雌性动物的数量以体现种群数量的变化。已知该种动物的生育率为 32%，有 20% 的幼年雌性可进入半成年期，72% 的半成年雌性可进入成年期，成年期雌性动物存活率为 95%。根据以上信息，解决如下问题：

(1) 建立描述该动物种群数量变化的数学模型；

(2) 预测该动物种群的长期发展趋势，并根据预测结果提出可行的物种保护措施。

解： (1) 设第 k 年 3 个生命阶段的雌性动物数量分别为 j_k，s_k，a_k，则第 k 年的种群数量可用向量表示：

$$\boldsymbol{x}_k = \begin{pmatrix} j_k \\ s_k \\ a_k \end{pmatrix}$$

根据已知条件，得到第 $k+1$ 年 3 个生命阶段动物的数量分别为：

$$j_{k+1} = 0.32 a_k$$
$$s_{k+1} = 0.20 j_k$$
$$a_{k+1} = 0.72 s_k + 0.95 a_k$$

将其写为矩阵向量形式，得到

$$x_{k+1} = \begin{pmatrix} 0 & 0 & 0.32 \\ 0.20 & 0 & 0 \\ 0 & 0.72 & 0.95 \end{pmatrix} x_k$$

令 $A = \begin{pmatrix} 0 & 0 & 0.32 \\ 0.20 & 0 & 0 \\ 0 & 0.72 & 0.95 \end{pmatrix}$，则 $x_{k+1} = Ax_k$，$k = 0，1，2，\cdots$。这就是物种的种群动力

系统。

（2）设 x_0 是动物种群的初始数量。根据公式 $x_{k+1} = Ax_k$，可以得到第 m 年的种群数量

为 $x_m = A^m x_0$。为了研究向量序列 $\{x_m\}$ 的性质，我们用到矩阵 A 的特征值与特征向量。

输入命令：

```
>>A = [0  0  0.32; 0.20  0  0; 0  0.72  0.95];
>> [P1  D1] = eig (A)
```

得到：

```
P1 =                      0.6570              0.6570           0.3052
              -0.0659 - 0.6075i      -0.0659 + 0.6075i        0.0613
              -0.0476 + 0.4390i      -0.0476 - 0.4390i        0.9503


D1 =
  -0.0232 + 0.2138i               0                       0
          0              -0.0232 - 0.2138i                0
          0                       0                    0.9964
```

令

$$\xi_1 = \begin{pmatrix} 0.657\,0 \\ -0.065\,9 - 0.607\,5i \\ -0.047\,6 + 0.439\,0i \end{pmatrix}, \quad \xi_2 = \begin{pmatrix} 0.657\,0 \\ -0.065\,9 + 0.607\,5i \\ -0.047\,6 - 0.439\,0i \end{pmatrix}, \quad \xi_3 = \begin{pmatrix} 0 \\ 0 \\ 0.996\,4 \end{pmatrix};$$

$$\lambda_1 = -0.023\,2 + 0.213\,8i，\lambda_2 = -0.023\,2 - 0.213\,8i，\lambda_3 = 0.996\,4。$$

则 ξ_1，ξ_2，ξ_3 分别是 A 的属于特征值 λ_1，λ_2，λ_3 的特征向量。因为 $\lambda_1 \neq \lambda_2 \neq \lambda_3$，所以 ξ_1，

ξ_2，ξ_3 是线性无关的。于是 x_0 可以表示为：

$$x_0 = c_1 \xi_1 + c_2 \xi_2 + c_3 \xi_3$$

因此有

$$x_m = A^m x_0 = c_1 \lambda_1^m \xi_1 + c_2 \lambda_2^m \xi_2 + c_3 \lambda_3^m \xi_3$$

下面求 x_m 的极限。输入命令：

```
>> syms c1 c2 c3 m;
>> xm = c1 * D1 (1, 1) ^m * P1 (:, 1) + c2 * D1 (2, 2) ^m * P2 (:, 2) +
      c3 * D1 (3, 3) ^m * P1 (:, 3);
>> limit (xm, m, inf)
   ans =
```

$$\begin{matrix} 0 \\ 0 \\ 0 \end{matrix}$$

因此 $\lim\limits_{m\to\infty} \boldsymbol{x}_m = \boldsymbol{0}$。这个结果说明，随着时间的推移，这种动物的种群将会灭绝。这是一个非常令人沮丧的结果。那么能否做一些工作来挽救这一物种呢？经过以上分析，我们发现导致这一物种走向灭绝的主要原因是该种动物幼年期的存活率太低，只有 20%。如果可以通过改善环境、加强物种保护来提高幼年动物的存活率，那么有可能使得该物种避免灭绝的危险。

如果该种动物幼年期的存活率能够达到 30%，结果就会不同。令

$$\boldsymbol{B} = \begin{pmatrix} 0 & 0 & 0.32 \\ 0.30 & 0 & 0 \\ 0 & 0.72 & 0.95 \end{pmatrix}$$

则在新的环境下，种群动力系统修正为 $\boldsymbol{x}_{k+1} = \boldsymbol{B}\boldsymbol{x}_k$，$k = 0$，1，2，…。

输入命令：

```
>>B = [0 0 0.32; 0.30 0 0; 0 0.72 0.95];
>> [P2 D2] = eig(B)
```

得到：

```
P2 =
  -0.0742 + 0.5738i    -0.0742 - 0.5738i       0.2990
      0.6657               0.6657              0.0882
  -0.4559 - 0.1199i    -0.4559 + 0.1199i       0.9502
D2 =
  -0.0334 + 0.2586i          0                   0
        0            -0.0334 - 0.2586i           0
        0                    0                 1.0168
```

于是 $\boldsymbol{B}$ 的特征值和特征向量分别为：

$$\mu_1 = -0.033\,4 + 0.258\,6i,\ \mu_2 = -0.033\,4 - 0.258\,6i,\ \mu_3 = 1.016\,8;$$

$$\boldsymbol{\eta}_1 = \begin{pmatrix} -0.074\,2 + 0.573\,8i \\ 0.665\,7 \\ -0.455\,9 - 0.119\,9i \end{pmatrix},\ \boldsymbol{\eta}_2 = \begin{pmatrix} -0.074\,2 - 0.573\,8i \\ 0.665\,7 \\ -0.455\,9 + 0.119\,9i \end{pmatrix},\ \boldsymbol{\eta}_3 = \begin{pmatrix} 0 \\ 0 \\ 1.016\,8 \end{pmatrix}。$$

令

$$\boldsymbol{x}_0 = k_1\boldsymbol{\eta}_1 + k_2\boldsymbol{\eta}_2 + k_3\boldsymbol{\eta}_3$$

那么

$$\boldsymbol{x}_m = \boldsymbol{B}^m\boldsymbol{x}_0 = k_1\mu_1^m\boldsymbol{\eta}_1 + k_2\mu_2^m\boldsymbol{\eta}_2 + k_3\mu_3^m\boldsymbol{\eta}_3$$

因为 $|\mu_1| < 1$，$|\mu_2| < 1$，$\mu_3 = 1.016\,8 > 1$，所以当 m 充分大时

$$\boldsymbol{x}_m \approx k_3\mu_3^m\boldsymbol{\eta}_3$$

设 $\boldsymbol{x}_0 = (20,\ 15,\ 65)^{\mathrm{T}}$，计算第 10 年的动物种群数量。输入命令：

```
>>k = inv(P2) * [20; 15; 65];    % 计算 x_0 关于 η_1，η_2，η_3 的坐标
```

```
>>x10 = k (3) * D2 (3, 3) ^10 * P2 (:, 3);      % 计算 x₁₀ = k₃μ₃¹⁰η₃
```

$$>>x10 = k(3)*D2(3,3)\wedge10*P2(:,3);\quad \% \text{ 计算 } \boldsymbol{x}_{10}=k_3\mu_3^{10}\boldsymbol{\eta}_3$$

得到：

```
x10 =
    26.2305
     7.7388
    83.3514
```

因此 $\boldsymbol{x}_{10}\approx\begin{pmatrix}26\\8\\83\end{pmatrix}$。这个结果说明，10 年后动物的总数增加到大约 117 只，种群数量缓慢增加。

当幼年动物进入半成年期的比例达到 50% 时，仍然取 $\boldsymbol{x}_0=(20，15，65)^{\mathrm{T}}$，通过计算得到

$$\boldsymbol{x}_{10}\approx\begin{pmatrix}35\\17\\115\end{pmatrix}$$

这个结果说明种群的繁衍得到极大改善。

3.8　二次型

化二次型为标准形可以借助 MATLAB 中的命令 schur 或 eig 实现，两个命令的调用格式类似。

$$[Q\quad D]=\mathrm{schur}(A)$$
$$[Q\quad D]=\mathrm{eig}(A)$$

其中，A 为二次型的矩阵，D 为 A 的特征值构成的对角矩阵，Q 为正交矩阵。

例 3 - 34　求正交替换 $\boldsymbol{X}=\boldsymbol{QY}$，将二次型
$$f=-2x_1^2-6x_2^2-9x_3^2-9x_4^2+4x_1x_2+4x_1x_3+4x_1x_4+6x_3x_4$$
化为标准形。

解：输入命令：

```
>>A = [-2 2 2 2; 2 -6 0 0; 2 0 -9 3; 2 0 3 -9];
>> [Q D] = schur (A)    % 或者 [Q D] = eig (A)
```

得到：

```
Q =
    0.0000   -0.5000   -0.0000   -0.8660
    0.0000    0.5000    0.8165   -0.2887
    0.7071    0.5000   -0.4082   -0.2887
   -0.7071    0.5000   -0.4082   -0.2887
D =
  -12.0000        0         0         0
        0   -8.0000         0         0
        0         0   -6.0000         0
```

$$0 \qquad\qquad 0 \qquad\qquad 0 \qquad\qquad 0.0000$$

因此，经过正交替换 $X = QY$，二次型化为标准形 $f = -12y_1^2 - 8y_2^2 - 6y_3^2$。

化二次型为标准形还有其他方法，如配方法、初等变换法，但是正交变换法因其具有良好的几何特性而更加实用。

例 3 - 35　用正交替换将二次型 $f = 3x_1^2 - 4x_1x_2 + 6x_2^2$ 化为标准形，并且画出标准化前后 $f = 40$ 对应的二次曲线。

解：首先将二次型化为标准形。输入命令：

```
>>A = [3 -2; -2 6];
>>D = schur (A)
```

得到：

```
D =
    2.0000        0
        0     7.0000
```

因此，二次型的标准形为

$$f = 2y_1^2 + 7y_2^2$$

然后绘制二次曲线 $f = 40$ 的图形。输入命令：

```
>>ezplot ('3 * x1^2 - 4 * x1 * x2 + 6 * x2^2 - 40')
>>ezplot ('7 * y1^2 + 2 * y2^2 - 40')
```

得到两个二次型的图形，如图 3 - 10 和图 3 - 11 所示。

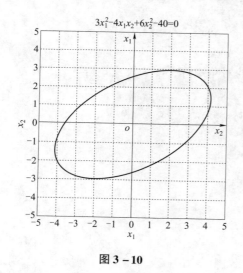

图 3 - 10

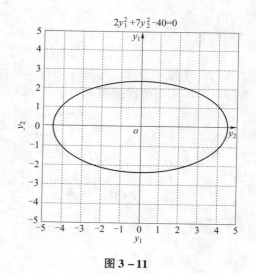

图 3 - 11

实际上用正交替换化二元二次型为标准形的过程相当于构造了一个新的直角坐标系，使得二次曲线在新的坐标系中关于坐标轴对称，所以正交替换可以保证二次型的图形不发生改变。从图中可以看出，经过正交替换的前后的两个二次型曲线是大小、形状都相同的椭圆。

例 3 - 36　画出下列 4 个二次型的图形，并且判断二次型的定性：

（1） $f = 3x_1^2 - 4x_1x_2 + 6x_2^2$；

（2） $f = -5x_1^2 + 4x_1x_2 - 2x_2^2$；

（3）$f = 3x_1^2 + 4x_1x_2 - 2x_2^2$；

（4）$f = x_1^2 - 6x_1x_2 + 9x_2^2$。

解：输入命令：

```
>> subplot (2, 2, 1);
>> ezmesh ('3 * x1^2 - 4 * x1 * x2 + 6 * x2^2');
>> subplot (2, 2, 2);
>> ezmesh ('-5 * x1^2 + 4 * x1 * x2 - 2 * x2^2');
>> subplot (2, 2, 3);
>> ezmesh ('3 * x1^2 + 4 * x1 * x2 - 2 * x2^2');
>> subplot (2, 2, 4);
>> ezmesh ('x1^2 - 6 * x1 * x2 + 9 * x2^2');
>> grid on
```

得到 4 个二次型的图形如图 3 - 12 所示。

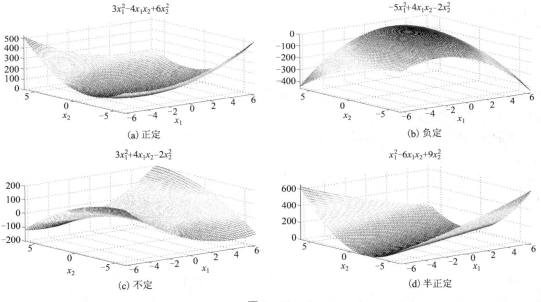

图 3 - 12

从图像上可以看到：

（1）$f = 3x_1^2 - 4x_1x_2 + 6x_2^2$ 的图形完全位于 Ox_1x_2 平面上方，与坐标平面无交点；

（2）$f = -5x_1^2 + 4x_1x_2 - 2x_2^2$ 的图形完全位于 Ox_1x_2 平面下方，与坐标平面无交点；

（3）$f = 3x_1^2 + 4x_1x_2 - 2x_2^2$ 的图形上的点有的位于 Ox_1x_2 平面上方，而有的位于 Ox_1x_2 平面下方；

（4）$f = x_1^2 - 6x_1x_2 + 9x_2^2$ 的图形位于 Ox_1x_2 平面上方，且与 Ox_1x_2 平面交于直线 $x_1 = 3x_2$。

使用 MATLAB 语句判断实二次型 f 正定的方法有两种：特征值法和顺序主子式法。根据线性代数知识，二次型 $f = X^TAX$ 是正定二次型当且仅当矩阵 A 的特征值都大于零，A 的顺序主子式都大于零。

例 3 - 37　判断下列二次型是否正定：

（1）$f = x_1^2 + x_2^2 + 5x_3^2 + 2x_1x_2 - 2x_1x_3 - 2x_2x_3$；

（2）$f = x_1^2 + x_2^2 + 3x_3^2 + 2x_4^2 + 2x_1x_2 + 2x_2x_3 + 4x_3x_4$。

解：输入命令：

```
>>A1 = [1 1 -1; 1 2 -1; -1 -1 5];
>> d1 = eig (A1)
>> A2 = [1 1 0 0; 1 1 1 0; 0 1 3 2; 0 0 2 2];
>> d2 = eig (A2)
```

得到：

```
d1 =
    0.3542
    2.0000
    5.6458
d2 =
   -0.3489
    0.6041
    2.0000
    4.7448
```

因为二次型 $f = x_1^2 + x_2^2 + 5x_3^2 + 2x_1x_2 - 2x_1x_3 - 2x_2x_3$ 的矩阵的特征值全部大于零，所以二次型正定；因为二次型 $f = x_1^2 + x_2^2 + 3x_3^2 + 2x_4^2 + 2x_1x_2 + 2x_2x_3 + 4x_3x_4$ 的特征值不全大于零，所以二次型不是正定的。

下面编制用顺序主子式判断实二次型的正定性的程序是 sh. m。

```
syms t;
A = input ('输入矩阵 A：');      % 建立人机对话输入窗口，输入矩阵 A 并计算 A 的阶数
for i = 1: n                    % 计算 A 的 n 个顺序主子式并输出其值
      w (i) = det (A (1: i, 1: i));
end
w
if  w > 0                       % 根据 A 的各阶顺序主子式是否大于零输出判断结果
 fprintf ('因为 A 的各阶顺序主子式都大于零，所以 f 是正定的.');
else
 fprintf ('因为 A 的各阶顺序主子式不全大于零，所以 f 不是正定的.');
end
```

例 3-38　已知二次型 $f = x_1^2 + 3x_2^2 + 9x_3^2 + 19x_4^2 - 2x_1x_2 + 4x_1x_3$，判断其是否正定。

解：输入命令：

```
>> sh
>>输入矩阵 A：[ 1 -1 2 1; -1 3 0 -3; 2 0 9 -6; 1 -3 -6 19]
```

得到：

```
w = 1.0000 2.0000 6.0000 24.0000
```

因为 **A** 的各阶顺序主子式都大于零，所以二次型 f 是正定的。

例 3 - 39　确定实数 t 的取值范围，使得二次型 $f(x_1, x_2, x_3) = x_1^2 + 3x_2^2 + 3x_3^2 + 2tx_1x_2 + 2x_1x_3 - 4x_2x_3$ 是正定的。

解： 去掉程序 sh. m 的第三段，得到程序 sh1. m. 输入命令：

```
>> sh1
```

>>输入矩阵 A：[1 t 1; t 3 -2; 1 -2 3]

得到 w = [1, 3 - t^2, -3 * t^2 - 4 * t + 2]。由矩阵的二阶顺序主子式大于零可以

得到 $t \in (-\sqrt{3}, \sqrt{3})$，由矩阵的 3 阶顺序主子式大于零得到 $t \in \left(-\dfrac{\sqrt{10} + 2}{3}, \dfrac{\sqrt{10} - 2}{3} \right)$，

因此当 $t \in \left(-\dfrac{\sqrt{10} + 2}{3}, \dfrac{\sqrt{10} - 2}{3} \right)$ 时，二次型 f 是正定的。

例 3 - 40　某城市规划建设局计划在下一季度出资 3 600 万元建设两个项目：修建高速自行车道和修整公园绿地。假设规划的自行车道为 x km，绿地的面积为 y 万 m^2，经测算修建 x km 自行车道耗资 $4x^2$ 万元和修整 y 万 m^2 绿地耗资 $9y^2$ 万元。综合考虑居民意见，经济学家提出用 $v(x, y) = xy$ 作为决策的效用函数。求出最优的建设计划，使得效用函数 v 最大。

解： 该问题可以转化为在限制条件 $x^2 + 9y^2 = 3 600$ 下求函数 $v(x, y) = xy$ 的最大值。将方程 $x^2 + 9y^2 = 3 600$ 写为

$$\left(\frac{x}{60} \right)^2 + \left(\frac{y}{20} \right)^2 = 1$$

令 $x_1 = \dfrac{x}{60}$，$x_2 = \dfrac{y}{20}$，则限制条件变为 $x_1^2 + x_2^2 = 1$，效用函数变为

$$v(3x_1, 2x_2) = 1\,200x_1x_2$$

令 $X = \begin{pmatrix} x_1 \\ x_2 \end{pmatrix}$，则原问题化为在限制条件 $X^{\mathrm{T}}X = 1$ 的条件下求二次型 $V = 1\,200x_1x_2$ 的最大

值。二次型 $V = 1\,200x_1x_2$ 的矩阵为 $A = \begin{pmatrix} 0 & 600 \\ 600 & 0 \end{pmatrix}$。首先计算 A 的特征值。输入命令：

```
>> A = [0 600; 600 0];
>> [V D] = eig (A)
```

得到：

```
V =
    0.7071       -0.7071
    0.7071        0.7071
D =
    600.0000             0
         0        -600.0000
```

于是 A 的特征值为 ± 600，对应的单位特征向量为 $\xi_1 = \begin{pmatrix} \dfrac{\sqrt{2}}{2} \\ \dfrac{\sqrt{2}}{2} \end{pmatrix}$，$\xi_2 \begin{pmatrix} \dfrac{-\sqrt{2}}{2} \\ \dfrac{\sqrt{2}}{2} \end{pmatrix}$。令

$$P = (\boldsymbol{\xi}_1, \boldsymbol{\xi}_2) = \begin{pmatrix} \dfrac{\sqrt{2}}{2} & -\dfrac{\sqrt{2}}{2} \\ \dfrac{\sqrt{2}}{2} & \dfrac{\sqrt{2}}{2} \end{pmatrix}, \quad \boldsymbol{Y} = \begin{pmatrix} y_1 \\ y_2 \end{pmatrix}。$$

作正交替换 $\boldsymbol{X} = \boldsymbol{PY}$，则二次型 $V = 1\,200x_1x_2$ 化为标准形 $V = 600y_1^2 - 600y_2^2$，并且 $\boldsymbol{Y}$ 满足 $\boldsymbol{Y}^{\mathrm{T}}\boldsymbol{Y} = 1$。

因为 $V = 600y_1^2 - 600y_2^2$ 在 $y_1 = 1$，$y_2 = 0$ 处达到最大值，所以二次型 $V = 1\,200x_1x_2$ 在 $\boldsymbol{X} = \boldsymbol{P}\begin{pmatrix} 1 \\ 0 \end{pmatrix} = \begin{pmatrix} \dfrac{\sqrt{2}}{2} \\ \dfrac{\sqrt{2}}{2} \end{pmatrix}$ 达到最大值。代回原来的变量，可以得到最优的建设计划：修建 $x = 60x_1 = 30\sqrt{2} \approx 42.4$ km 自行车道，$y = 20x_2 = 10\sqrt{2} \approx 14.1$ 万 m² 绿地。

习题 3

1. 随机生成一个 6 阶整数矩阵，并求它的秩。

2. 将下列矩阵化为简化阶梯形：

(1) $\boldsymbol{A} = \begin{pmatrix} 0 & 3 & -6 & 6 & 4 & -5 \\ 3 & -7 & 8 & -5 & 8 & 9 \\ 3 & -9 & 12 & -9 & 6 & 15 \end{pmatrix}$;　(2) $\boldsymbol{B} = \begin{pmatrix} 1 & 1 & -2 & 1 & 4 \\ 2 & 4 & -6 & 4 & 8 \\ 2 & -3 & 1 & -1 & 2 \\ 3 & 6 & -9 & 7 & 9 \end{pmatrix}$。

3. 求解下列线性方程组：

(1) $\begin{cases} -x_2 - x_3 + x_4 = 0, \\ x_1 + x_2 + x_3 + x_4 = 3, \\ 2x_1 + 4x_2 + x_3 - 2x_4 = -1, \\ 3x_1 + x_2 - 2x_3 + 2x_4 = 3; \end{cases}$　(2) $\begin{cases} 2x_1 + 4x_2 - x_3 + 4x_4 = 1, \\ -3x_1 - 6x_2 + 2x_3 - 6x_4 = -1, \\ 3x_1 + 6x_2 - 4x_3 + 6x_4 = -1, \\ x_1 + 2x_2 + 5x_3 + 2x_4 = 6。 \end{cases}$

4. 在热传导的研究中，一个重要的问题是确定图 1 中所示的平板的稳恒温度分布。

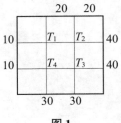

图 1

图 1 中给出了平板边界上的温度分布，T_1，T_2，T_3，T_4 分别表示平板的 4 个内部结点的温度。已知内部结点的温度近似等于 4 个与它最接近结点（上、下、左、右）的温度的平均值，例如 $T_1 = (20 + T_4 + 10 + T_2)/4$。写出 T_1，T_2，T_3，T_4 所满足的方程组并且求出这个方程组的解。

5. 在风洞试验中，射弹的推动力取决于在不同的速度 v 下测量到的空气阻力 F。一次试验中测得的数据如表 1 所示：

表 1

v（100 m/s）	0	1	2	3
F（1 000 N）	0	5	8	45

若假设 F 与 v 之间的关系可用函数 $F = a_0 + a_1 v + a_2 v^2 + a_3 v^3$ 表示。

（1）求系数 a_0，a_1，a_2，a_3；

（2）当射弹以 400 m/s 的速度飞行时，遇到的空气阻力为多少？

6. 某厂废水中含 KCN，其浓度为 650 mg/L。现用氯氧化法处理，发生如下反应：

$$KCN + 2KOH + Cl_2 = KOCN + 2KCl + H_2O$$

投入过量液氯，可将氰酸盐进一步氧化为氮气，其化学反应式如下：

$$KOCN + KOH + Cl_2 \rightarrow CO_2 + N_2 + 2KCl + H_2O$$

请配平化学方程式。

7. 随机生成两个 5 阶整数矩阵 A 和 B，并且计算 $A + B$，$A - B$，AB，BA，A^2，$3A^3 + 2A$。

8. 某航空公司在 4 个城市之间的航线图如图 3 – 1 所示。其中 $A \rightarrow B$ 表示从 A 地到 B 地有航班。将 4 个城市按照北京、上海、天津、广州排序，则该航线图可以用航路矩阵表示，如图 2 所示。

$$A = \begin{pmatrix} 0 & 1 & 0 & 1 \\ 1 & 0 & 0 & 1 \\ 0 & 1 & 0 & 0 \\ 1 & 0 & 1 & 0 \end{pmatrix}$$

图 2

其中，第 i 行表示从第 i 个城市出发，可以到达各个城市的情况，如果能到达第 j 个城市，则 $a_{ij} = 1$，否则 $a_{ij} = 0$，并且规定 $a_{ii} = 0$（i，$j = 1$，2，3，4）。如第 1 行表示由北京出发的航班可以到达上海、广州，不能到达天津。根据矩阵乘法的意义，A^{n+1} 表示 n 次转机（$n + 1$ 次航班）的航路矩阵。

（1）求 2 次转机的航路矩阵，并判断经过 2 次转机，从哪一个城市出发到达哪一个城市的方法最多；

（2）确定在经过最多 1 次转机从哪个城市不能到达哪个城市。

9. 已知向量组

$$\boldsymbol{\alpha}_1 = \begin{pmatrix} 1 \\ -1 \\ 2 \\ 2 \end{pmatrix}, \quad \boldsymbol{\alpha}_2 = \begin{pmatrix} 0 \\ 3 \\ 1 \\ 4 \end{pmatrix}, \quad \boldsymbol{\alpha}_3 = \begin{pmatrix} 3 \\ 0 \\ 7 \\ 10 \end{pmatrix}, \quad \boldsymbol{\alpha}_4 = \begin{pmatrix} 1 \\ 1 \\ 3 \\ 5 \end{pmatrix}。$$

求向量组的秩和一个极大无关组，并且将不在极大无关组中的向量用极大无关组表示出来。

10. 设 $\boldsymbol{\alpha}_1 = \begin{pmatrix} 1 \\ -1 \\ -2 \\ 3 \end{pmatrix}$, $\boldsymbol{\alpha}_2 = \begin{pmatrix} 1 \\ -2 \\ -6 \\ 2 \end{pmatrix}$, $\boldsymbol{\alpha}_3 = \begin{pmatrix} 1 \\ -1 \\ -2 \\ 4 \end{pmatrix}$, $\boldsymbol{\alpha}_4 = \begin{pmatrix} -3 \\ 2 \\ 3 \\ -8 \end{pmatrix}$ 与 $\boldsymbol{\beta}_1 = \begin{pmatrix} 1 \\ -1 \\ 0 \\ 1 \end{pmatrix}$, $\boldsymbol{\beta}_2 = \begin{pmatrix} 0 \\ 1 \\ 2 \\ -3 \end{pmatrix}$,

$\boldsymbol{\beta}_3 = \begin{pmatrix} 2 \\ -1 \\ 1 \\ 2 \end{pmatrix}$, $\boldsymbol{\beta}_4 = \begin{pmatrix} -1 \\ 0 \\ 1 \\ -2 \end{pmatrix}$ 是 $\mathbf{R}^4$ 的两个基。

（1）求由基 $\boldsymbol{\alpha}_1$，$\boldsymbol{\alpha}_2$，$\boldsymbol{\alpha}_3$，$\boldsymbol{\alpha}_4$ 到基 $\boldsymbol{\beta}_1$，$\boldsymbol{\beta}_2$，$\boldsymbol{\beta}_3$，$\boldsymbol{\beta}_4$ 的过渡矩阵 $\boldsymbol{A}$；

（2）如果向量 $\boldsymbol{\xi}$ 关于基 $\boldsymbol{\alpha}_1$，$\boldsymbol{\alpha}_2$，$\boldsymbol{\alpha}_3$，$\boldsymbol{\alpha}_4$ 的坐标为 $(-1, 0, 1, 0)^{\mathrm{T}}$，求向量 $\boldsymbol{\xi}$ 关于基 $\boldsymbol{\beta}_1$，$\boldsymbol{\beta}_2$，$\boldsymbol{\beta}_3$，$\boldsymbol{\beta}_4$ 的坐标；

（3）如果向量 $\boldsymbol{\eta}$ 关于基 $\boldsymbol{\beta}_1$，$\boldsymbol{\beta}_2$，$\boldsymbol{\beta}_3$，$\boldsymbol{\beta}_4$ 的坐标为 $(0, 2, -1, 1)^{\mathrm{T}}$，求向量 $\boldsymbol{\eta}$ 关于基 $\boldsymbol{\alpha}_1$，$\boldsymbol{\alpha}_2$，$\boldsymbol{\alpha}_3$，$\boldsymbol{\alpha}_4$ 的坐标。

11. 随机生成一个 6 阶矩阵，并且计算它的行列式。

12. 3 个公司共同完成一个大的建设项目，假设在某一年内，每个公司收入 1 万元人民币需要其他两个公司的服务费用和实际收入如表 2 所示。问：这一年内，每个公司的总收入分别是多少？（计算结果保留两位小数）

表 2

被服务者 服务者	公司 1	公司 2	公司 3	实际收入/万元
公司 1	0	0.2	0.3	500
公司 2	0.1	0	0.4	700
公司 3	0.3	0.4	0	600

13. 求下列矩阵的特征值与特征向量，并且判断它们是否可以相似对角化。

（1）$\boldsymbol{A} = \begin{pmatrix} 0 & -4 & -6 \\ -1 & 0 & -3 \\ 1 & 2 & 5 \end{pmatrix}$；　　（2）$\boldsymbol{B} = \begin{pmatrix} 1 & 1 & 1 & 1 \\ 1 & 1 & -1 & 1 \\ 1 & -1 & 1 & -1 \\ 1 & -1 & -1 & 1 \end{pmatrix}$。

14. 设二次型 $f = 3x_1^2 + 3x_2^2 + 2x_1 x_2$。

（1）求一个正交替换，将二次型化为标准形；

（2）求 f 在限制条件 $\boldsymbol{X}^{\mathrm{T}} \boldsymbol{X} = 1$ 下的最大值，且求出达到最大值的单位向量。

第 4 章
概率论与统计学实验

4.1 古典概型与离散型随机变量

概率论与统计是大学数学的基础课程之一，可以帮助我们认识各种随机现象，并掌握通过数据分析发现事物内在规律的方法。下面介绍计算概率的一些常用公式，以及常见分布类型的概率分布与分布函数。

在古典概型中，计算随机事件发生的概率经常会用到排列与组合公式。比如 n 件物品中任取 k 个排成一列，共有 P_n^k 种情况；n 件物品中任意取出 k 个，共有 C_n^k 种取法。我们知道，

$$\mathrm{P}_n^k = \frac{n!}{(n-k)!}, \quad \mathrm{C}_n^k = \frac{n!}{(n-k)!\ k!}$$

在 MATLAB 中，计算 $n!$ 可以用命令：factorial (n)。下面将排列与组合计算公式编写为 M 文件。首先编辑 pailie. m 文件：

```
function y = pailie (n, k)
y = factorial (n) /factorial (n-k)
```

其次编辑 zuhe. m 文件：

```
function y = zuhe (n, k)
y = pailie (n, k) /factorial (k)
```

保存好上面两个 M 文件之后，就可以用这两个函数来计算各种概率问题了。

例 4 – 1 盒中有 5 个红球、3 个白球，从中任意选出 4 个，问恰好取到 2 红 2 白的概率。

在这里设 $A = \{$取到 2 红 2 白$\}$。由于问题不涉及次序、位置关系等，所以

$$P(A) = \frac{\mathrm{C}_5^2 \mathrm{C}_3^2}{\mathrm{C}_8^4}$$

要求其具体结果，可以输入如下命令：

```
>> p = zuhe (5, 2) * zuhe (3, 2) /zuhe (8, 4)
```

输出结果中有一些中间量，我们需要的是最后的 p = 0.428 6。

随机变量有离散型和连续型两种，其中离散型随机变量的概率规律可以用分布律和分布函数来描述。在概率论课程中，离散型随机变量分布律定义为

$$P(X = x_k) = p_k, \quad k = 1, 2, \cdots$$

离散型随机变量的分布函数为

$$F(x) = P(X \leqslant x) = \sum_{x_k \leqslant x} P(X = x_k)$$

在 MATLAB 中，常见的离散型分布的计算公式如表 4 - 1 所示。

表 4 - 1

分布类型	分布律	分布函数
二项分布 $B(n, p)$	binopdf(x, n, p)	binocdf(x, n, p)
泊松分布 $\pi(\lambda)$	poisspdf(k, λ)	poisscdf(k, λ)
离散均匀分布	unidpdf(k, N)	unidcdf(k, N)

假设在一次实验中，事件 A 发生的概率为 p，独立地重复做 n 次实验，事件 A 发生次数 $X = k$ 的概率为 $P(X = k) = C_n^k p^k (1-p)^{n-k}$，此时称 $X \sim B(n, p)$。

例 4 - 2 设 $X \sim B(20, 0.3)$，求随机变量 X 取不同值的概率并作图展示。

解决这个问题，只需直接调用 binopdf 命令即可：

```
>> syms x; x = 0: 1: 20;
>> y = binopdf (x, 20, 0.3)
```

输出结果：

```
y = 0.0008    0.0068    0.0278    0.0716
    0.1304    0.1789    0.1916    0.1643
    0.1144    0.0654    0.0308    0.0120
    0.0039    0.0010    0.0002    0.0000
    0.0000    0.0000    0.0000    0.0000
    0.0000
```

输入作图命令 plot (x, y, 'r. ')，可得如图 4 - 1 所示图形。

比对图 4 - 1 中的 $B(20, 0.3)$、$B(20, 0.7)$ 和 $B(20, 0.5)$，可见，二项分布的单峰的偏向性取决于 $B(n, p)$ 中的 p。

例 4 - 3 设 $X \sim B(20, 0.3)$，求 X 的分布函数并作图展示。

调用 binocdf 函数，求出若干个点处的分布函数值：

```
>> syms x; x = 0: 1: 20;
>> y = binocdf (x, 20, 0.3)
```

输出结果：

```
y = 0.0008    0.0076    0.0355    0.1071
    0.2375    0.4164    0.6080    0.7723
    0.8867    0.9520    0.9829    0.9949
    0.9987    0.9997    1.0000    1.0000
    1.0000    1.0000    1.0000    1.0000
    1.0000
```

输入作图命令 plot (x, y, 'r. ')，可得如图 4 - 2 所示图形。

当然，也可以使用 ezplot 命令直接绘制图形，如图 4 - 3 所示。

```
>> ezplot ('binocdf (x, 20, 0.3)', [0, 20])
```

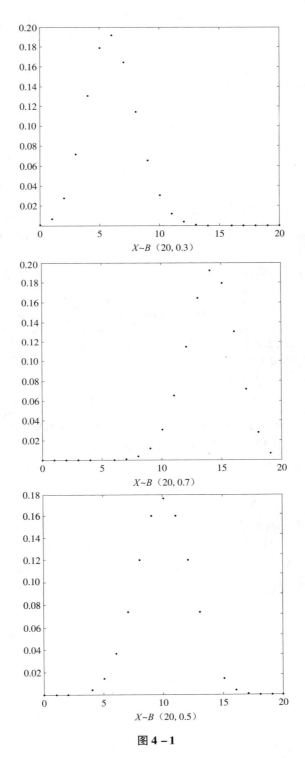

图 4 - 1

可以看到，离散型随机变量分布函数有一个共同的典型特征，即都是台阶形式的分段常值函数。

泊松分布也是常见的离散型分布，通常用于描述一定时间里进入超市购物的人数、电话

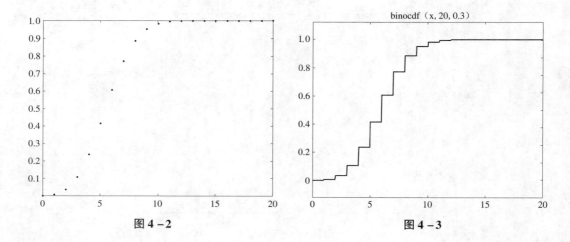

图 4 − 2

图 4 − 3

总机接到的呼叫次数，一定空间内微生物的个数，等等。如果随机变量 X 服从泊松分布，记为 $X \sim \pi(\lambda)$，这时

$$P(X=k) = \frac{\lambda^k}{k!} e^{-\lambda}$$

例 4 − 4　设电话总机 1 h 内收到的呼叫次数 $X \sim \pi(3)$，求：

（1）1 h 收到 6 次呼叫的概率；

（2）1 h 收到呼叫次数不到 5 次的概率；

（3）绘出 X 的分布律、分布函数图像。

对于问题（1），只需输入命令 p = poisspdf（6, 3），可得 $p = 0.050\ 4$；对于问题（2），输入命令 p = poisscdf（4, 3），可得 $p = 0.815\ 3$。绘制点图可以使用如下命令，图形如图 4 − 4 所示。

```
>> x = 0: 1: 15;
>> y = poisspdf (x, 3);
>> plot (x, y, 'r.')
>> title ('poisspdf (x, 3)')
```

绘制连续的分布函数图可以用命令 ezplot（'poisscdf(x, 3)', [0, 15]），输出结果如图 4 − 5 所示。

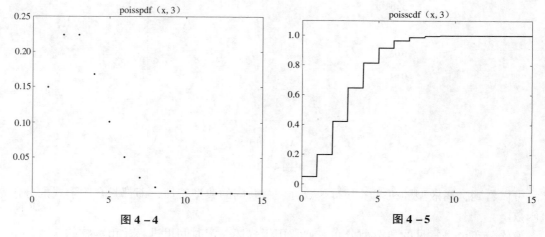

图 4 − 4

图 4 − 5

离散型分布的种类很多，这里不再一一介绍。

4.2　连续型随机变量

在现实世界中，连续型随机变量非常常见。连续型随机变量的概率特征，主要用概率密度函数和分布函数来描述。连续型随机变量的概率密度函数与分布函数之间的互相推算，需要用到微积分课程中学到的积分和求导，也可以直接使用 MATLAB 的命令代码。

在概率论中，X 被称为连续型随机变量，如果

$$P(X \leqslant x) = \int_{-\infty}^{x} f(x) \, \mathrm{d}x, \ x \in \mathbf{R}$$

$F(x) = P(X \leqslant x)$ 即 X 的分布函数，被积函数 $f(x)$ 即 X 的概率密度函数。连续型随机变量的密度函数有几个重要的性质：

（1）$F(x) = \int_{-\infty}^{x} f(x) \, \mathrm{d}x, \ x \in \mathbf{R}$；

（2）$f(x) = F'(x)$，若 F 在此处可导；

（3）$\int_{-\infty}^{+\infty} f(x) \, \mathrm{d}x = 1$；

（4）$P(a < X \leqslant b) = \int_{a}^{b} f(x) \, \mathrm{d}x = F(b) - F(a)$。

常见的连续型分布的概率密度函数、分布函数的计算公式如表 4 − 2 所示。

表 4 − 2

分布类型	概率密度函数	分布函数
均匀分布 $U(a, b)$	unifpdf(x, a, b)	unifcdf(x, a, b)
指数分布 $E(\lambda)$	exppdf(x, λ)	expcdf(x, λ)
正态分布 $N(\mu, \sigma^2)$	normpdf(x, μ, σ)	normcdf(x, μ, σ)

如果随机变量 X 服从某个区间上的均匀分布，比如 $X \sim U(a, b)$，是指 X 等可能地取区间 (a, b) 内的任意值。这时 X 的概率密度函数为

$$f(x) = \begin{cases} \dfrac{1}{b-a}, & x \in (a, b), \\ 0, & \text{其他。} \end{cases}$$

例 4 − 5　假设 $X \sim U(3, 7)$，画出 X 的概率密度函数和分布函数。

输入如下命令：

```
>> x = 0: 0.1: 10;
>> f = unifpdf (x, 3, 7);
>> F = unifcdf (x, 3, 7);
>> plot (x, f, x, F)
```

输出结果如图 4 − 6 所示。

如果随机变量 X 可能的取值范围为 $(0, +\infty)$，且取值比较大的可能性很小，比如动

物的寿命、人们打电话的通话时间、银行接待一位客户花费的时间等，则可以认为 X 服从参数 $\lambda > 0$ 的指数分布 $E(\lambda)$。这时 X 的概率密度函数为

$$f(x) = \begin{cases} \dfrac{1}{\lambda} e^{-\frac{x}{\lambda}}, & x > 0, \\ 0, & x \leqslant 0。 \end{cases}$$

例 4 - 6　假设 $X \sim E(2)$，画出 X 的概率密度函数和分布函数，并计算 $P(X > 10)$ 和 $P(2 < X < 5)$。

输入如下命令：

```
>> x = -1: 0.1: 30;
>> f = exppdf (x, 2);
>> F = expcdf (x, 2);
>> plot (x, f, x, F)
```

所得图像如图 4 - 7 所示。

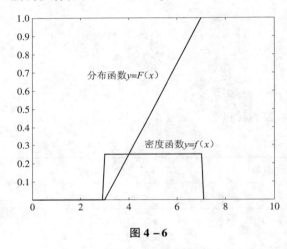

图 4 - 6

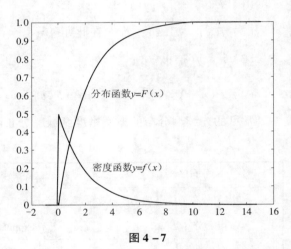

图 4 - 7

计算 $P(X > 10)$ 可以使用命令：

```
>>1 - expcdf (10, 2)
```

计算 $P(2 < X < 5)$ 可以使用命令：

```
>> expcdf (5, 2) - expcdf (2, 2)
```

正态分布则更为常见，通常一个随机变量取值如果受到很多相互独立的随机因素的影响，每一个因素的影响都很微小且可以相互叠加，则可以认为 X 服从正态分布 $N(\mu, \sigma^2)$。这时 X 的概率密度函数为

$$f(x) = \frac{1}{\sqrt{2\pi}\,\sigma} e^{-\frac{(x-\mu)^2}{2\sigma^2}}, \quad x \in \mathbf{R}$$

例 4 - 7　假设 $X \sim N(2, 4)$，画出 X 的概率密度函数和分布函数，并计算 $P(X > 2)$。

输入如下命令：

```
>> x = -8: 0.1: 10;
>> f = normpdf (x, 2, 2);
>> F = normcdf (x, 2, 2);
```

```
>> plot (x, f, x, F)
```
输出结果如图 4 – 8 所示。

此外，由于 $P(X>2) = 1 - P(X \leq 2)$，因此用命令 $1 - \text{normcdf}(2, 2, 2)$ 即可得到 $P(X>2) = 0.5000$。

如果 $X \sim N(\mu, \sigma^2)$，则 X 的数学期望为 μ，方差为 σ^2。那么当 μ 和 σ 变化时，X 的概率密度函数会如何变化？调整 normpdf 命令中的参数，并绘出其相应图像如图 4 – 9 所示。

可以看到，σ 不变而 μ 变化，会导致钟形曲线左右平移；μ 不变而 σ 变化，会导致钟形曲线变得扁平或瘦高。

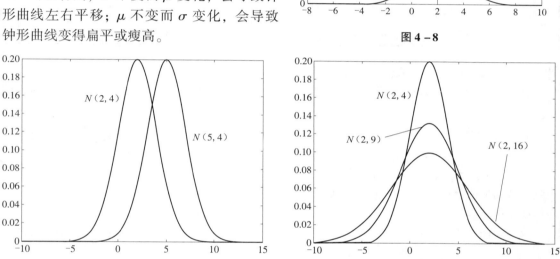

图 4 – 8

图 4 – 9

例 4 – 8　某行星周围有大量小卫星，质量服从 $X \sim E(5\,000)$ 分布，温度服从 $Y \sim N(0, 40\,000)$ 分布。假设小卫星的质量与温度相互独立，随机选择一颗小卫星，问：其质量高于 8 000 单位且温度在 $-30 \sim 40$ 单位的概率。

显然，这里求的是概率 $P(X>8\,000, \; -30 \leq Y \leq 40)$，其中 $P(X>8\,000)$ 可以用下面的命令输出结果：

```
PX = 1 - expcdf (8000, 5000)
```
计算出结果，另外用下面的命令计算 $P(-30 \leq Y \leq 40)$：

```
PY = normcdf (40, 0, 200) - normcdf (-30, 0, 200)
```
因此要求的概率 $P(X>8\,000, \; -30 \leq Y \leq 40) = PX \cdot PY = 0.028\,0$。

了解常见的分布类型之后，可以根据随机变量分布律、分布函数等计算随机事件的概率。常见的分布类型还有很多，可以根据实际需要有选择地去了解。

4.3　随机变量逆累计分布函数

根据概率论课程中介绍的内容，计算随机变量落在一定范围内的概率可以利用分布函数求得。比如 $P(a < X \leqslant b) = F(b) - F(a)$，其中 $F(x) = P(X \leqslant x)$。那么如果已经知道 $P(X \leqslant x) = p$，能否根据 p 的结果来反推 x？要解决这个问题，可以利用逆累计分布函数。

假设随机变量 X 的分布函数为 $F(x)$。已知 $F(x) = p$，则定义逆累计函数为 $\mathrm{inv}(p) = \inf \{x \mid F(x) \geqslant p\}$，可以将其视为分布函数的逆函数。MATLAB 中常见概率分布类型的逆累计函数如表 4-3 所示。

表 4-3

分布类型	逆累计分布函数
二项分布 $B(n, p)$	binoinv(y, n, p)
泊松分布 $\pi(\lambda)$	poissinv(y, λ)
指数分布 $E(\lambda)$	expinv(y, λ)
正态分布 $N(\mu, \sigma^2)$	norminv(y, μ, σ)

其中，y 对应于 $F(x)$ 的取值，输出结果即 x。

例 4-9 设 $X \sim N(0, 4)$，若有分布函数 $F(x) = 0.1, 0.3, 0.5, 0.9$，求对应的最小的 x 值。

输入如下命令：

```
>> y = [0.1 0.3 0.5 0.9];
>> norminv (y, 0, 2)
```

得到对应的 x 值分别是 -2.5631，-1.0488，0，2.5631。图 4-10 所示为正态分布 $N(0, 4)$ 对应的逆累计函数。

例 4-10 设 $X \sim B(10, 0.3)$，分布函数 $F(x) = 0.1, 0.2, 0.3, 0.9$，求对应的最小的 x 值。

输入如下命令：

```
>> y = [0.1 0.2 0.3 0.9];
>> binoinv (y, 10, 0.3)
```

得到对应的 x 值分别是 $1, 2, 2, 5$。图 4-11 所示为二项分布 $B(10, 0.3)$ 对应的逆累计函数。

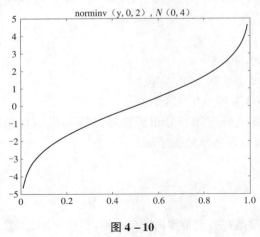

图 4-10

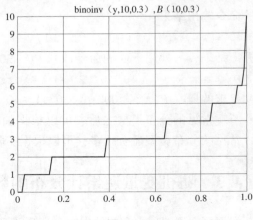

图 4-11

例 4 - 11　一家机电厂准备批量采购发动机，要求无故障运行时间不低于 2 000 的概率达到 90%。某款发动机的无故障运行时间 X 服从参数为 20 000 的指数分布，即 $X \sim E(20\ 000)$，该款发动机是否符合机电厂的要求？

这里需要检验的是 $P(X \geqslant 2\ 000) \leqslant 0.9$。设 X 的分布函数为 $F(x)$，需要验证满足 $P(X < x) = F(x) = 0.1$ 的 x 是否满足要求 $x \geqslant 2\ 000$。

只需输入命令 expinv（0.1，20 000），可得输出结果为 2.107 2e + 003，即 2 107.2，这表明该款发动机完全满足机电厂的要求。

4.4　随机数与随机模拟

在统计学、密码学，以及很多模拟、仿真运算中，都需要用到随机产生的数据。根据不同的应用背景，往往对随机数的概率分布有一定要求。下面介绍如何产生满足要求的随机数。

假设随机变量 X 服从某种分布，其分布函数为 $F(x)$，则称 X 的抽样序列 $\{X_i\}$ 为分布 $F(x)$ 的随机数。在很多应用研究中，服从某种分布的随机数非常重要。比如设计酒店管理系统时，需要模拟客人到来的时间和不同要求；评估机械设备的可靠性时，需要输入随机的外界干扰，等等。

MATLAB 生成随机数有两种方式，一种是使用 random 命令，命令格式为：

```
random ('name', A1, A2, A3, m, k)
```

其中，name 为相应分布的名称，如 poisson，normal；A1，A2，A3 为该分布中的参数；m 为产生随机数的行数；k 为产生随机数的列数。m = 1 时，输出一串 k 个随机数；m > 1 时，输出的是一个 m 行 k 列的随机矩阵，矩阵中的元素服从相应分布。

比如考虑银行窗口排队的顾客数时，设单位时间内窗口排队人数 X 平均值为 3，则可以认为 X 服从参数为 3 的泊松分布。要模拟单位时间内排队人数，可以用

```
>> x = random ('poisson', 3, 1, 10)
```

输出结果为一行 10 个随机数，这些随机数满足 $\pi(3)$ 分布。如果用命令：

```
>> x = random ('poisson', 3, 4, 5)
```

则输出结果为一个 4×5 矩阵，其中元素为满足 $\pi(3)$ 分布的随机数。

MATLAB 中产生随机数还有一种方式，即直接调用各类分布生成随机数的函数。常见分布随机数的产生函数如表 4 - 4 所示。

表 4 - 4

分布类型	随机数产生函数
二项分布 $B(n, p)$	binornd(n, p, m, k)
泊松分布 $\pi(\lambda)$	poissrnd(λ, m, k)
均匀分布 $U(a, b)$	unifrnd(a, b, m, k)
指数分布 $E(\lambda)$	exprnd(λ, m, k)
正态分布 $N(\mu, \sigma^2)$	normrnd(μ, σ, m, k)

例 4 - 12 某种火炮命中目标的概率为 0.7，现该炮发射 100 发炮弹，有可能命中多少发？

假设可能命中 X 发，可以认为 $X \sim B(100, 0.7)$。输入命令：

```
>> x = binornd (100, 0.7, 5, 4)
```

每次输出结果都会有所不同，不过总体上来看，数字都在 70 上下变化，与二项分布吻合。比如图 4 - 12 就是一次输出的结果。

例 4 - 13 某款防火墙软件准备接受攻击测试。假设一般服务器每小时平均会受到 100 次攻击，那么如何设定单位时间内的攻击次数才更贴近现实？

设单位时间攻击次数为 X，可以认为 $X \sim \pi(100)$。输入命令：

```
>> x = poissrnd (100, 7, 5)
```

即可得到相应随机数。实际测试中，可以按照输出的随机数，设定每小时的攻击数量。

例 4 - 14 排队服务系统中，顾客到达率为常数时，顾客的到达间隔可以视为服从指数分布；元器件的故障率为常数时，其寿命也可以认为服从指数分布。

我们知道，如果 $X \sim E(\lambda)$，则 X 的数学期望为 $\dfrac{1}{\lambda}$。对 X 的数学期望进行估计后，可利用如下命令输出随机数：

```
>> x = exprnd (λ, m, k)
```

例 4 - 15 在现实中，很多随机试验结果都可以认为服从正态分布，如身高、体重、射击弹落点与目标的偏差等。以测试防弹玻璃的射击试验为例，厂商需要模拟多次命中对玻璃产生的影响。为此可以在玻璃上建立坐标系，弹落点的坐标即可采用正态分布随机数来模拟。

设防弹玻璃长 0.5 m、宽 0.3 m，在玻璃上建立坐标系，如图 4 - 13 所示。

74	63	72	73
68	74	67	71
74	77	80	73
61	74	69	66
62	75	67	74

图 4 - 12

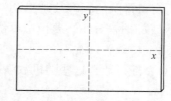

图 4 - 13

弹落点的横坐标可视为服从正态分布，即 $X \sim N(0, 0.09)$，纵坐标 $Y \sim N(0, 0.01)$。输入如下命令：

```
>> x = normrnd (0, 0.3, 1, 5)
>> y = normrnd (0, 0.1, 1, 5)
```

可以得到随机弹落点的横坐标和纵坐标。不过要注意，将上面产生的 x 值和 y 值随机组合，并不能视为二维随机数，生成二维随机数需要另外的方法和命令。

比如要生成服从 m 元正态分布 $N_m(\mu, \Sigma)$ 的随机数，可以使用命令 mvnrnd (μ, Σ, n)，其中，n 表示随机数的个数。以二维正态分布随机数为例，设均值向量 $\mu = (3, 10)^{\mathrm{T}}$，协方差矩阵 $\Sigma = \begin{pmatrix} 1 & 4 \\ 4 & 25 \end{pmatrix}$，则可以用如下命令生成随机数：

```
>> mu = [3, 10];
>> sigma = [1, 4; 4, 25];
>> x = mvnrnd (mu, sigma, 1000)
>> scatter (x (:, 1), x (:, 2))
```

输出结果如图 4 – 14 所示。

随机数在工程计算、仿真模拟中应用广泛，很多时候如何产生满足需要的随机数，本身就是一个值得深入探讨的问题。

对于很多实际问题，建立数学模型并不能很好地反映其主要特征。特别是随机因素太多，或者模型过于复杂难以用解析方法求解时，我们可以借助随机模拟法。下面介绍如何用随机模拟法来计算数值积分。

随机模拟是指通过随机试验，并根据所得结果的频率、平均值等情况来估计有关的规律。蒙特卡洛（Monte Carlo）方法就是一种典型的随机模拟法。比如要求 $f(x)$ 在 $[a, b]$ 上的最值，按照微积分课程介绍的方法，我们需要先求出函数的驻点、不可导点，然后比较这两类点与区间端点处的函数值。若采用随机模拟法，整个过程会简单得多。

例 4 – 16　求函数 $f(x) = (1 - x^2) \sin(5x)$ 在闭区间 $[-2\pi, 2\pi]$ 上的最小值和最大值。

应用随机模拟法，只需在 $[-2\pi, 2\pi]$ 上取大量均匀分布的随机数，求出这些点处的最大、最小的函数值即可。

```
>> x = unifrnd (-2 * pi, 2 * pi, 10000, 1);
>> f = (1 - x.^2). * sin (5 * x);
>> fmax = max (f)
```

反复计算可以发现，最大值在 34.711 附近摆动。图 4 – 15 所示为函数 $f(x)$ 的实际图形。

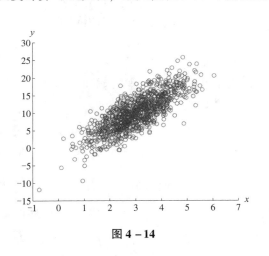

图 4 – 14

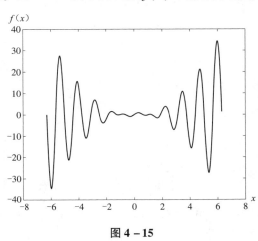

图 4 – 15

随机模拟法还可以用来求定积分。假设函数 $f(x)$ 在区间 $[a, b]$ 内非负、有界且连续，根据定积分的几何意义可以知道，$\int_a^b f(x) \mathrm{d}x$ 即图 4 – 16 所示阴影部分的面积。

随机模拟法求定积分的算法为：构造一个矩形，以积分区间 $[a, b]$ 为底边，以 h 为高（$h > \max\limits_{[a,b]} f$），在矩形内随机投点，落在阴影内的比例与 $(b - a) h$ 的乘积即积分结果。

例 4 – 17　求 $\int_0^1 e^{x^2+1} dx$。

图 4 – 17 所示为被积函数的实际图像。

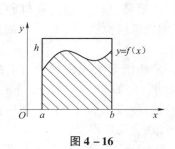

图 4 – 16

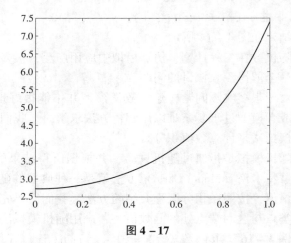

图 4 – 17

先来计算其数值积分：

```
>> f = inline ('exp (x. ^2 +1)', 'x');
>> quad (f, 0, 1)
```

可得结果为 3.975 9。接下来用随机模拟法求定积分。估计被积函数在积分区间上的最大值，可以取 $h=9$。输入如下命令：

```
>> xi = unifrnd (0, 1, 50000, 1);      % 取得 50 000 个随机点的 x 坐标
>> yi = 9 * rand (50000, 1);           % 取得 50 000 个随机点的 y 坐标
>> y = exp (xi. ^2 +1); k = 0;         % 取得与随机点 x 坐标相应的函数值 y
>> for i = 1: 50000
    if yi (i) < = y (i)                % 比较向量 yi 与 y 的各个分量
     k = k +1;                         % 若 yi 的分量小于对应函数值 y(xi)，
                                         计数 1 次

    end
   end
>> S = k/50000 * 9
```

随机模拟法也可以用来计算二重积分。假设 $f(x, y)$ 在平面区域 S 上有界、连续且非负，根据二重积分的几何意义，$\iint_S f(x,y) \, dxdy$ 是以 S 为底，以 $f(x, y)$ 为顶的曲顶柱体体积。随机模拟法的算法思路为：选取一个以 S 为底、以 h 为高（$h > \max\limits_{(x,y) \in S} f$）的柱体。在柱体范围内随机投点，落在 $f(x, y)$ 下方的点的比例与柱体体积的乘积即积分结果。

例 4 – 18　求 $\int_1^4 \int_0^1 e^{\sqrt{1+x^2+y^2}} dxdy$。

图 4 – 18 所示为被积函数的图像。

计算其数值积分：

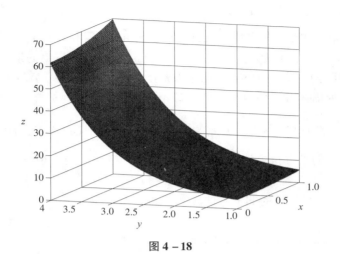

图 4 – 18

```
>> f = @ (x, y) exp (sqrt (1 + x. ^2 + y. ^2));
>> quad2d (f, 0, 1, 1, 4)
```

可得结果为 64.637 4，接下来用随机模拟法计算。取 $h = 70$。

```
>> x = unifrnd (0, 1, 1000000, 1); y = unifrnd (1, 4, 1000000, 1);
>> zi = unifrnd (0, 70, 1000000, 1); z = exp (sqrt (1 + x. ^2 + y. ^2));
>> k = 0;
>> for i = 1: 1000000
   if zi (i) < = z (i)      % 比较向量 zi 与 z 的各个分量
    k = k + 1;              % 若 zi 的分量小于对应的 z(xi, yi)，则计数 1 次
    end
 end
>> P = k / 1000000 * 210
```

输出结果围绕 64.6 上下浮动。

　　解数值积分只是随机模拟法的简单应用。事实上，当数学模型非常复杂，难以直接求解或分析时，可以尝试用随机模拟法来给出结果。设定较大的样本量，反复运算多次，模拟结果就会在很大程度上接近真实结果。

4.5　常用统计量

　　在对数据进行深入分析之前，通常需要对数据的一般统计特征进行概括性的分析，这就需要计算一些常用的统计量，如平均值、中位数、方差、标准差、极差、偏度和峰度等。下面介绍如何利用 MATLAB 计算上述统计量。

　　平均值又称均值，对于一串数据 X_1, X_2, $\cdots$, X_n，平均值就是 $\dfrac{1}{n} \sum\limits_{i=1}^{n} X_i$。在 MATLAB 中，计算均值的命令是 mean (x)。

　　中位数则是将一串数据从小到大排列后，位于中间位置的数据。若数据有偶数个，中位

数是指位于中间的两个数字的平均值。计算中位数的命令为 median（x）。

若 x 是一个向量，无论是列向量还是行向量，mean（x）和 median（x）输出的都是该组数字的平均值和中位数。若 x 为矩阵，mean（x）和 median（x）输出的是行向量，其中的每个元素是矩阵 x 中各列的平均值、中位数。接下来要介绍的各个统计量，其输出规则与此相同。

统计学中有多种描述数据分散程度的统计量，主要有方差、标准差和极差。假设一组数据 X_1，X_2，$\cdots$，X_n 的平均值为 $\overline{X}$。方差的定义为 $\dfrac{1}{n-1}\sum\limits_{i=1}^{n}(X_i-\overline{X})^2$，计算命令为 var（x）；标准差的定义为方差的平方根，计算命令为 std（x）；极差为最大值与最小值之差，计算命令为 range（x）。

例 4 – 19 现有一组学生的期末考试成绩，如表 4 – 5 所示。

表 4 – 5

学生编号	高等数学	大学物理
1	89	90
2	78	98
3	64	80
4	90	85
5	55	65
6	73	89
7	21	60
8	97	80

求其平均值、中位数、方差、标准差和极差。

首先将数据定义为 8 × 2 矩阵：

```
>> x = [89, 90; 78, 98; 64, 80; 90, 85; 55, 65; 73, 89; 21, 60; 97, 80]
```

分别输入以下命令，即可得到相应结果：

```
>> mean (x)        % 求平均值，输出结果为 70.8    80.8
>> median (x)      % 求中位数，输出结果为 75.5    82.5
>> var (x)         % 求方差，输出结果为 602.7    164.1
>> std (x)         % 求标准差，输出结果为 24.5    12.8
>> range (x)       % 求极差，输出结果为 76    38
```

偏度是描述数据分布非对称程度的数字特征，反映的是数据分布的偏斜方向和程度。假设一组数据 X_1，X_2，$\cdots$，X_n 的平均值为 $\overline{X}$，其偏度计算公式为：

$$G1 = \frac{\dfrac{1}{n}\sum\limits_{i=1}^{n}(X_i-\overline{X})^3}{\left(\sqrt{\dfrac{1}{n}\sum\limits_{i=1}^{n}(X_i-\overline{X})^2}\right)^3}$$

偏度的计算命令为 skewness（x）。

一组数据的偏度若为 0，意味着数据相对均匀地分布在平均值两侧；偏度为正，表明数据在右侧有长尾现象，为负则表明数据在左侧有长尾现象，如图 4 - 19 所示。

例 4 - 20　随机生成 4 组随机数，分别计算其偏度。

输入如下命令：

```
>> x = normrnd (0, 1, 1000, 1);        % 生成轴对称的随机数
>> y = exprnd (5, 1000, 1);            % 生成右长尾的随机数
>> z = - 1 * exprnd (5, 1000, 1);      % 生成左长尾的随机数
>> w = unifrnd (- 4, 4, 1000, 1);      % 生成区间内均匀分布的随机数
>> skewness (x)      % 输出结果为 0.095
>> skewness (y)      % 输出结果为 2.189（右长尾）
>> skewness (z)      % 输出结果为 - 2.065（左长尾）
>> skewness (w)      % 输出结果为 - 0.033
```

4 种分布的图像如图 4 - 20 所示。

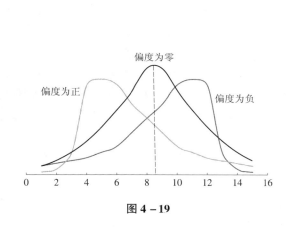

图 4 - 19

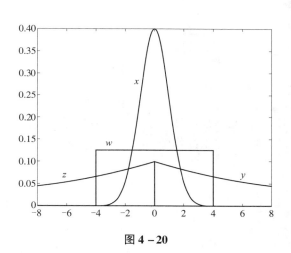

图 4 - 20

峰度是描述数据分布形态陡缓程度的指标。假设一组数据 X_1，X_2，$\cdots$，X_n 的平均值为 $\overline{X}$，则其峰度的计算公式为：

$$G2 = \frac{\dfrac{1}{n} \sum\limits_{i=1}^{n} (X_i - \overline{X})^4}{\left[\dfrac{1}{n} \sum\limits_{i=1}^{n} (X_i - \overline{X})^2\right]^2}$$

MATLAB 中计算峰度的命令为 kurtosis (x)。峰度越大，数据分布的顶峰会显得越尖，越陡峭，如图 4 - 21 所示。

例 4 - 21　随机生成 3 组随机数，分别服从 $N(0, 1)$ 分布、$E(5)$ 分布和 $U(-1, 1)$ 分布。分别计算其峰度。

首先产生三组随机数：

```
>> x = normrnd (0, 1, 1000, 1);
>> y = exprnd (5, 1000, 1);
>> z = unifrnd (- 1, 1, 1000, 1);
```

```
>> kurtosis (x)        % 输出结果为 3.281
>> kurtosis (y)        % 输出结果为 10.225
>> kurtosis (z)        % 输出结果为 1.817
```

3 种分布的图像如图 4 – 22 所示。

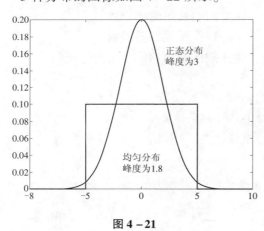

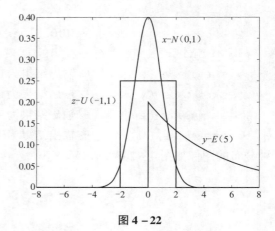

图 4 – 21   图 4 – 22

接下来介绍如何制作数据的频率直方图。频率直方图是对概率密度函数的一种近似表达，其原理是选择一个覆盖所有数据的区间，将此区间 n 等分，计算每个小区间内落入的数据频次，并据此作图，如图 4 – 23 所示。

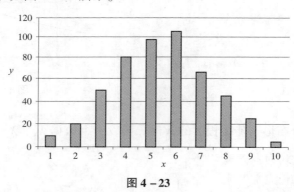

图 4 – 23

假设共有 m 个观测数据，第 i 个小区间内落入了 v_i 个数据，则该区间的频率记为 v_i/m，到该区间为止的累计频率为 $\sum_{k=1}^{i} \dfrac{v_i}{m}$。设第 i 个小区间为 $[t_{i-1}, t_i]$，现以 $[t_{i-1}, t_i]$ 为底，以 v_i/m 为高作长方形，得到频率直方图；以 $\sum_{k=1}^{i} \dfrac{v_i}{m}$ 为高作长方形，得到累计频率直方图（经验分布函数图）。

MATLAB 中绘制直方图有 3 个命令：一是绘制频率直方图的命令 hist（data，k）；二是绘制带有密度曲线的频率直方图命令 histfit（data，k）；三是绘制累计频率直方图（经验分布函数图）的命令 cdfplot（data）。其中，data 表示需要分析的观测数据，k 表示划分的小区间个数，即准备将数据分成 k 组来计数。

例 4 – 22　现有一组学生的期末考试成绩：

| 459 | 362 | 624 | 542 | 509 | 584 | 433 | 748 | 815 | 505 | 612 | 452 | 434 | 982 | 640 |
| 742 | 565 | 706 | 593 | 680 | 926 | 653 | 164 | 487 | 734 | 608 | 428 | 1 153 | 593 | 844 |

分别绘制其频率直方图、带有密度曲线的频率直方图和累计频率直方图。

首先定义向量：

```
>>data = [459  362  624  542  509  584  433  748  815  505  612
452  434  982  640  742  565  706  593  680  926  653  164  487  734
608  428  1153  593  844]
>>hist (data,5)        % 绘制频率直方图，如图 4 – 24 所示。
>> histfit (data,5) % 带有密度曲线的频率直方图，如图 4 – 25 所示。
```

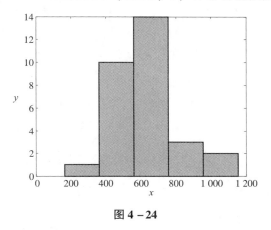

图 4 – 24

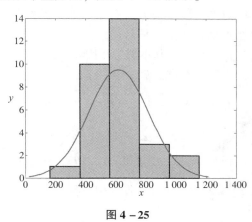

图 4 – 25

```
>> cdfplot (data)        % 累计频率直方图（经验分布函数图），如图 4 – 26 所示。
```

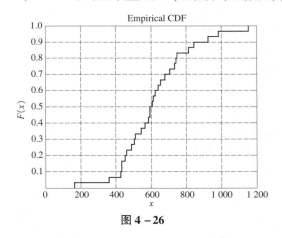

图 4 – 26

常用的统计量还有很多，这里不再一一介绍。在对数据进行深入分析之前，如果将这些常用统计量都计算、整理出来，就可以帮助我们初步了解数据的整体特征。

4.6　矩估计

参数估计是根据从总体中抽取的样本估计总体分布中包含的未知参数的方法。人们常常需要根据手中的数据，分析或推断数据反映的本质规律，即根据样本数据如何选择统计量去推断总体的分布或数字特征等。

从整体上看，参数估计分为点估计和区间估计。点估计是估计未知参数的值，区间估计是根据样本构造适当的区间，使它以一定的概率包含未知参数或者参数的已知函数的真值。点估计问题就是要构造一个只依赖于样本的量，作为未知参数或未知参数的函数的估计值。其模型可以表述为：

设有一统计总体，总体分布函数为 $F(x, \theta)$，其中，θ 是未知参数，现从该总体抽样，得到样本 X_1, X_2, $\cdots$, X_n，参数估计的问题就是要依据该样本，对 θ 作出估计，或者估计 θ 的某个已知函数 $g(\theta)$。

点估计的主要方法有矩估计、极大似然估计、最小二乘估计、贝叶斯估计等。本节主要介绍点估计中的矩估计。

矩估计法：基本思想是用样本矩估计总体矩，设总体分布含有 k 个未知参数 θ_1, θ_2, $\cdots$, θ_k，计算总体的前 k 阶矩，$l = 1$, 2, $\cdots$, k。

$$\mu_l = E(X^l) = \int_{-\infty}^{+\infty} x^l f(x; \theta_1, \theta_2, \cdots, \theta_k) \qquad (X \text{ 是连续型})$$

$$\mu_l = E(X^l) = \sum_x x^l p(x; \theta_1, \theta_2, \cdots, \theta_k) \qquad (X \text{ 是离散型})$$

一般来说，它们是 θ_1, θ_2, $\cdots$, θ_k 的函数。另外，对于样本来说，其 l 阶样本矩 $A_l = \dfrac{1}{n} \sum_{i=1}^{n} X_i$ 以概率收敛到总体的 l 阶矩 μ_l，由此可以得到：

$$\mu_l(\theta_1, \theta_2, \cdots, \theta_k) = A_l, \quad l = 1, 2, \cdots, k$$

上式有 k 个未知数，k 个方程，因此可以得其根为：

$$\hat{\theta}_i(X_1, X_2, \cdots, X_n), \quad i = 1, 2, \cdots, k$$

也就是 θ_1, θ_2, $\cdots$, θ_k 矩估计。

矩估计法的一般步骤：

（1）求总体分布的各阶矩；

（2）解方程组，得到总体分布的各阶矩和参数关系；

（3）由样本的各阶矩代替总体的各阶矩，得到矩估计。

例 4-23 设总体 X 的均值 μ，方差 σ 都存在，且 $\sigma^2 > 0$，但 μ 和 σ^2 未知。X_1, X_2, $\cdots$, X_n 是此总体的一个样本，求 μ 和 σ^2 的矩估计量。

解：根据题意，可以得到总体矩和样本矩分别为：

$$\mu_1 = E(X) = \mu, \qquad \mu_2 = E(X^2) = \sigma^2 + \mu^2$$

$$A_1 = \frac{1}{n} \sum_{i=1}^{n} X_i, \qquad A_2 = \frac{1}{n} \sum_{i=1}^{n} X_i^2$$

由样本来估计总体矩，得到如下方程组：

$$\begin{cases} \hat{\mu}_1 = A_1 = \dfrac{1}{n} \sum_{i=1}^{n} X_i, \\[2mm] \hat{\mu}_2 = A_2 = \dfrac{1}{n} \sum_{i=1}^{n} X_i^2. \end{cases}$$

即

$$\begin{cases} \hat{\mu} = A_1, \\ \hat{\sigma}^2 + \hat{\mu}^2 = A_2 \, 。 \end{cases}$$

$$\hat{\mu} = A_1 = \frac{1}{n} \sum_{i=1}^{n} X_i = \overline{X}, \quad \hat{\sigma}^2 = A_2 - \hat{\mu}^2 = \frac{1}{n} \sum_{i=1}^{n} X_i^2 - \overline{X}^2 = \frac{1}{n} \sum_{i=1}^{n} (X_i - \overline{X})^2$$

因此，可用 MATLAB 的均值函数 mean 和方差函数 var 来求解。其中样本均值 mean、方差 var 的 MATLAB 命令如下：

求一组数据 X_1，X_2，$\cdots$，X_n 的平均值为 $\overline{X}$ 的命令为 mean（X）。方差命令为 var（X）与 var（X，1），其中

$$\mathrm{var}\,(X) = \frac{1}{n-1} \sum_{i=1}^{n} (X_i - \overline{X})^2, \quad \mathrm{var}\,(X,1) = \frac{1}{n} \sum_{i=1}^{n} (X_i - \overline{X})^2$$

所以均值和方差的矩估计分别为：

$$\hat{\mu} = \mathrm{mean}\,(X), \qquad \hat{\sigma}^2 = \mathrm{var}\,(X, 1) = \mathrm{moment}\,(X, 2)$$

例 4－24　设总体 X 的均值 μ，方差 σ 都存在，且 $\sigma^2 > 0$，现在此总体的 8 个样本为 1.2，3.5，4.2，0.8，1.4，3.1，4.8，0.9，求 μ 和 σ^2 的矩估计量。

解：MATLAB 代码为：

```
>> x = [1.2,3.5,4.2,0.8,1.4,3.1,4.8,0.9]
>> u = mean (x);
>> sigm = var (x,1);或者 sigma = moment (x);
```

例 4－25　设总体 X 的概率密度为 $f(x, \theta) = \begin{cases} \theta x^{\theta-1}, & 0 < x < 1, \\ 0, & 其他。 \end{cases}$

其中，θ 未知，且 $\theta > 0$。此总体的一组观测值为 1.2，3.5，4.2，0.8，1.4，3.1，4.8，0.9，求 θ 的矩估计量和矩估计值。

解：设

$$\mu_1 = EX = \int_{-\infty}^{+\infty} x f(x) \, \mathrm{d}x = \theta \int_0^1 x^\theta \, \mathrm{d}x = \frac{\theta}{\theta+1}$$

根据上式可以得到 $\theta = \dfrac{\mu_1}{1-\mu_1}$。

用样本的均值 $\overline{X}$ 估计 μ_1，可以得到 θ 的矩估计量为：

$$\hat{\theta} = \frac{\overline{X}}{1-\overline{X}}$$

用 MATLAB 计算矩估计值为：

```
>> x = [1.2,3.5,4.2,0.8,1.4,3.1,4.8,0.9]
>> m = mean (x)
>> Y = m/(1-m)
```

4.7　极大似然估计

本节主要介绍点估计的极大似然估计法。极大似然估计法的基本思想是：已知某个参数

能使这个样本出现的概率最大，我们当然不会再去选择其他小概率的样本，所以干脆就把这个参数作为估计的真实值。

极大似然估计法的一般步骤：

（1）写出似然函数；

（2）对似然函数取对数，并整理；

（3）求导数；

（4）解似然方程。

设总体 X 有概率密度 $f(x; \theta)$，$\theta = (\theta_1, \theta_2, \cdots, \theta_n)$。设 X_1，X_2，$\cdots$，X_n 是来自总体的简单随机样本，x_1，x_2，$\cdots$，x_n 是样本观测值。最大似然估计的方法是选取参数 θ_i，$i = 1$，2，$\cdots$，k，使得样本 X_1，X_2，$\cdots$，X_n 在样本值 x_1，x_2，$\cdots$，x_n 附近取值的概率达到最大。样本似然函数为

$$L(\theta_1, \theta_2, \cdots, \theta_k) = \prod_{i=1}^{n} f(x_i, \theta_1, \theta_2, \cdots, \theta_k)$$

例 4 – 26　设总体 $X \sim N(\mu, \sigma^2)$，μ，σ^2 为未知参数，x_1，x_2，$\cdots$，x_n 是来自 X 的一个样本值，求 μ，σ^2 的最大似然估计量。

解：X 的概率密度为

$$f(x; \mu, \sigma^2) = \frac{1}{\sqrt{2\pi}\sigma} e^{-\frac{(x-\mu)^2}{2\sigma^2}}$$

X 的似然函数为

$$L(\mu, \sigma^2) = \prod_{i=1}^{n} \frac{1}{\sqrt{2\pi}\sigma} e^{-\frac{(x_i-\mu)^2}{2\sigma^2}}$$

对上式取对数可以得到：

$$\ln L(\mu, \sigma^2) = -\frac{n}{2}\ln(2\pi) - \frac{n}{2}\ln(\sigma^2) - \frac{1}{2\sigma^2}\sum_{i=1}^{n}(x_i-\mu)^2$$

令

$$\begin{cases} \dfrac{\partial}{\partial\mu}\ln L(\mu, \sigma^2) = 0, \\ \dfrac{\partial}{\partial\sigma^2}\ln L(\mu, \sigma^2) = 0。 \end{cases}$$

可以得到 μ，σ^2 的极大似然估计量。

$$\hat{\mu} = \frac{1}{n}\sum_{i=1}^{n} X_i = \overline{X}$$

$$\hat{\sigma}^2 = \frac{1}{n}\sum_{i=1}^{n}(X_i - \overline{X})^2$$

由此得到，μ，σ^2 的极大似然估计量和矩估计量是一致的。

极大似然估计的 MATLAB 命令调用格式：

```
mlephat = mle (data)
```

返回服从正态分布的数据参数的极大似然估计；

```
phat = mle (data, 'distribution', 'dist')
```

返回服从 dist 确定的数据参数的极大似然估计。

例 4 – 27 设总体 $X \sim N(\mu, \sigma^2)$，μ，σ^2 为未知参数，现有此总体的 8 个样本 $[1.2$，$3.5, 4.2, 0.8, 1.4, 3.1, 4.8, 0.9]$，求此总体 μ，σ^2 的极大似然估计。

命令如下：
```
>> x = [1.2,3.5,4.2,0.8,1.4,3.1,4.8,0.9];
>> u = mle (x);
ans =
    2.4875  1.4954
```

4.8 区间估计

参数估计分为点估计和区间估计。点估计是估计未知参数的值，区间估计是根据样本构造出适当的区间，使它以一定的概率包含未知参数或未知参数的已知函数的真值。区间估计的模型为：

设总体 X 的分布中含有未知参数 θ，若对于给定的概率
$$1 - \alpha (0 < \alpha < 1)$$
存在两个统计量 $\hat{\theta}_1(X_1, X_2, \cdots, X_n)$ 和 $\hat{\theta}_2(X_1, X_2, \cdots, X_n)$，使
$$P(\hat{\theta}_1 < \theta < \hat{\theta}_2) = 1 - \alpha$$
则称随机区间 $(\hat{\theta}_1, \hat{\theta}_2)$ 为参数 θ 的置信水平 $1 - \alpha$ 的置信区间，$\hat{\theta}_1$ 称为置信下限，$\hat{\theta}_2$ 称为置信上限。

置信区间的意义：反复抽取容量为 n 的样本，都得到一个区间，这个区间可能包含未知参数 θ 的真值，也可能不包含未知参数的真值，包含真值的区间占 $1 - \alpha$。

若已经知道一组数据来自正态分布总体，但是不知道正态分布总体的函数，这时可以利用 normfit () 命令来完成对参数的点估计和区间估计。调用格式为：

```
[muhat, sigmahat, muci, sigmaci] = normfit (X, alpha)
```

此命令以 alpha 为显著性水平，在数据 X 下，对参数进行估计（alpha 缺省时设定为 0.05）。返回值 muhat 是正态分布的均值的点估计值；sigmahat 是标准差的点估计；muci 是均值的区间估计；sigmaci 是标准差的区间估计。若 X 为矩阵，则对每一列向量进行计算。

例 4 – 28 给出容量为 50 的正态分布 $N(10, 22)$ 的随机数，并以此为样本值，给出 μ 和 σ 的点估计和区间估计；给出容量为 100 的正态分布 $N(10, 22)$ 的随机数，并以此为样本值，给出 μ 和 σ 的点估计和区间估计；给出容量为 1 000 的正态分布 $N(10, 22)$ 的随机数，并以此为样本值，给出 μ 和 σ 的点估计和区间估计。

解：MATLAB 命令为：
```
r = normrnd (10, 22, 50, 1);
[mu, sigm, muci, sigmci] = normfit (r);
r = normrnd (10, 22, 100, 1);
[mu, sigm, muci, sigmci] = normfit (r);
```

```
r = normrnd (10, 22, 1000, 1);
[mu, sigm, muci, sigmci] = normfit (r);
```

例 4 - 29　下列数据是某中学 17 岁男生的身高（单位：cm），若数据来自正态分布，计算学生身高的均值和标准差的点估计和置信水平为 0.95 的区间估计。

r = [170.1，179，171.5，173.1，174.1，177.2，170.3，176.2，175.4，
163.3，179.0，176.5，178.4，165.1，179.4，176.3，179.0，173.9，173.7
173.2，172.3，169.3，172.8，176.4，163.7，177.0，165.9，166.6，167.4
174.0，174.3，184.5，171.9，181.4，164.6，176.4，172.4，180.3，160.5
166.2，173.5，171.7，167.9，168.7，175.6，179.6，171.6，168.1，172.2]

解：命令为：

```
[mu, sigm, muci, sigmci] = normfit (r);
```

其他分布参数估计的 MATLAB 命令如下：

在显著性水平 alpha 下，指数分布数据 X 均值的点估计及其区间估计为：

$$[muhat, muci] = expfit (X, alpha);$$

在显著性水平 alpha 下，泊松分布数据 X 参数的点估计及其区间估计为：

$$[lamhat, lamaci] = poissfit (X, alpha);$$

在显著性水平 alpha 下，Weibull 分布数据 X 参数的点估计及其区间估计为：

$$[phat, pci] = weibfit (X, alpha);$$

在显著性水平 alpha 下，均匀分布数据 X 的参数 a 和 b 的点估计及其区间：

$$[ahat, bhat, aci, bci] = unifit (X, alpha)$$

例 4 - 30　生成指数分布随机数 100 个，假设均值参数真值为 0.5，以此为样本值，给出参数的点估计和区间估计。

解：命令：

```
r = exprnd (0.5, 100, 1); [lamta, lamtaci] = expfit (r);
[lamta, lamtaci] = expfit (r, 0.01);
```

结果：

```
lamta = 0.4579
lamtaci = 0.3799, 0.5627
lamta = 0.4579
lamtaci = 0.3587, 0.6015
```

4.9　假设检验 - 参数检验

统计推断的另一类重要问题是假设检验问题。在总体的分布函数完全未知或只知其形式，但不知其参数的情况下，为了推断总体的某些未知特性，提出某些关于总体的假设。对总体 X 的分布律或分布参数作某种假设，根据抽取的样本观察值，运用数理统计的分析方法，检验这种假设是否正确，从而决定接受假设或拒绝假设。假设检验分为参数检验与非参数检验。

参数检验：如果总体的分布函数类型已知，这时构造出的统计量依赖于总体的分布函

数，这种检验称为参数检验。参数检验的目的往往是对总体的参数及其有关性质作出明确的判断。

非参数检验：如果所检验的假设并非对某个分布的参数作出明确的判断，检验统计量的分布函数不依赖于总体的分布类型，这种检验叫非参数检验。如判断总体分布类型的检验就是非参数检验。

假设检验的一般步骤是：

（1）根据实际问题提出原假设 H_0 与备择假设 H_1，即说明需要检验的假设的具体内容；

（2）选择适当的统计量，构造恰当的拒绝域；

（3）根据样本观测值计算统计量的观测值，看其是否落入拒绝域，从而在检验水平条件下对拒绝或接受原假设 H_0 作出判断。

4.9.1　参数检验相关的检验统计量

情况 1：单个正态总体 $X \sim N(\mu, \sigma^2)$ 的均值检验，在方差 σ^2 已知时采用 z 检验；方差 σ^2 未知时采用 t 检验。具体如表 4 - 6 所示。

表 4 - 6

	H_0	H_1	总体方差 σ^2 已知，统计量 $z = \dfrac{\overline{X} - \mu_0}{\dfrac{\sigma}{\sqrt{n}}}$	总体方差 σ^2 未知，统计量 $t = \dfrac{\overline{X} - \mu_0}{\dfrac{s}{\sqrt{n}}}$
			在显著水平 α 下拒绝 H_0，若	
I	$\mu = \mu_0$	$\mu \neq \mu_0$	$\|z\| > \mu_{1-\frac{\alpha}{2}}$	$\|t\| > t_{1-\frac{\alpha}{2}}(n-1)$
II	$\mu \leqslant \mu_0$	$\mu > \mu_0$	$z > \mu_{1-\alpha}$	$t > t_{1-\alpha}(n-1)$
III	$\mu \geqslant \mu_0$	$\mu < \mu_0$	$z < -\mu_{1-\alpha}$	$t < -t_{1-\alpha}(n-1)$

情况 2：单个正态总体 $X \sim N(\mu, \sigma^2)$ 的 σ^2 检验——χ^2，分均值是否已知的情况，具体如表 4 - 7 所示。

表 4 - 7

	H_0	H_1	均值 μ 已知，统计量 $\chi^2 = \dfrac{1}{\sigma_0^2} \sum\limits_{i=1}^{n} (X_i - \mu)^2$	均值 μ 已知，统计量 $\chi^2 = \dfrac{1}{\sigma_0^2} \sum\limits_{i=1}^{n} (X_i - \overline{X})^2$
			在显著水平 α 下拒绝 H_0，若	
I	$\sigma^2 = \sigma_0^2$	$\sigma^2 \neq \sigma_0^2$	$\chi^2 < \chi^2_{\frac{\alpha}{2}}(n)$ 或 $\chi^2 > \chi^2_{1-\frac{\alpha}{2}}(n)$	$\chi^2 < \chi^2_{\frac{\alpha}{2}}(n-1)$ 或 $\chi^2 > \chi^2_{1-\frac{\alpha}{2}}(n-1)$
II	$\sigma^2 = \sigma_0^2$	$\sigma^2 > \sigma_0^2$	$\chi^2 > \chi^2_{1-\alpha}(n)$	$\chi^2 > \chi^2_{1-\alpha}(n-1)$
III	$\sigma^2 = \sigma_0^2$	$\sigma^2 < \sigma_0^2$	$\chi^2 < \chi^2_{\alpha}(n)$	$\chi^2 < \chi^2_{\alpha}(n-1)$

情况 3：两个正态总体 $N(\mu_1, \sigma_1^2)$ 和 $N(\mu_2, \sigma_2^2)$ 的均值检验，如果方差 σ_1^2 和 σ_2^2 已知，则选取统计量

$$z = \frac{\overline{X} - \overline{Y}}{\sqrt{\dfrac{\sigma_1^2}{n_1} + \dfrac{\sigma_2^2}{n_2}}}$$

如果方差未知但 $\sigma_1^2 = \sigma_2^2$，检验 H_0：$\mu_1 = \mu_2$，则选取统计量

$$t = \frac{\overline{X} - \overline{Y}}{\sqrt{(n_1 - 1)s_1^2 + (n_2 - 1)s_2^2}} \sqrt{\frac{n_1 n_2 (n_1 + n_2 - 2)}{n_1 + n_2}}$$

当 H_0 为真时，t 服从自由度为 $n_1 + n_2 - 2$ 的 t 分布。因此当 $|t| > t_{\frac{\alpha}{2}}(n_1 + n_2 - 2)$ 时拒绝原假设，否则接受原假设。

情况 4：对于两个正态总体方差检验，根据均值的情况，所使用的统计量如表 4 - 8 所示。

表 4 - 8

	H_0	H_1	均值 μ 已知，统计量 $\chi^2 = \dfrac{1}{\sigma_0^2} \sum\limits_{i=1}^{n} (X_i - \mu)^2$	均值 μ 已知，统计量 $\chi^2 = \dfrac{1}{\sigma_0^2} \sum\limits_{i=1}^{n} (X_i - \overline{X})^2$
			在显著水平 α 下拒绝 H_0，若	
I	$\sigma_1^2 = \sigma_2^2$	$\sigma_1^2 \neq \sigma_2^2$	$F_0 > F_{1 - \frac{\alpha}{2}}(n_1, n_2)$ 或 $F_0 < \dfrac{1}{F_{1 - \frac{\alpha}{2}}(n_2, n_1)}$	$F > F_{1 - \frac{\alpha}{2}}(n_1 - 1, n_2 - 1)$ 或 $F < \dfrac{1}{F_{1 - \frac{\alpha}{2}}(n_2 - 1, n_1 - 1)}$
II	$\sigma_1^2 \leqslant \sigma_2^2$	$\sigma_1^2 > \sigma_2^2$	$F_0 > F_{1 - \alpha}(n_1, n_2)$	$F > F_{1 - \alpha}(n_1 - 1, n_2 - 1)$
III	$\sigma_1^2 \geqslant \sigma_2^2$	$\sigma_1^2 < \sigma_2^2$	$F_0 < \dfrac{1}{F_{1 - \alpha}(n_2, n_1)}$	$F < \dfrac{1}{F_{1 - \alpha}(n_2 - 1, n_1 - 1)}$

其中，$F_0 = \dfrac{\dfrac{1}{n_1} \sum\limits_{i=1}^{n_1} (X_i - \mu_1)^2}{\dfrac{1}{n_2} \sum\limits_{i=1}^{n_2} (Y_i - \mu_2)^2}$，$F = \dfrac{S_1^2}{S_2^2}$。

4.9.2 参数检验的计算机命令

做 z 检验，使用的命令为 ztest 函数，可以在给定方差条件下进行正态总体均值的检验。命令格式为：

```
h = ztest (x, m, sigm);
h = ztest (x, m, sigm, alpha);
[h, sig, ci] = ztest (x, m, sigm, alpha, tail);
```

若 $h = 1$，则拒绝原假设；若 $h = 0$，则接受原假设。

ztest（x，m，sigm）在 0.05 水平下进行 z 检验，以确定服从正态分布的样本均值是否为 m，sigm 为给定的标准差；h = ztest（x，m，sigm，alpha）给出显著水平控制参数 alpha，[h，sig，ci] = ztest（x，m，sigm，alpha，tail）允许指定是进行单侧检验还是双侧检验。tail 参数可以有下面几个取值：

tail = 0（为默认设置）指定备择假设，$\mu \neq \mu_0$；

tail = 1 指定备择假设，$\mu > \mu_0$；

tail = −1 指定备择假设，$\mu < \mu_0$。

此外，sig 为与 z 统计量相关的 p 值，ci 为均值真值的 1 − alpha 置信区间。下面来看几个例子。

例 4 − 31　生成 100 个标准正态分布的随机数，假设均值和标准差的观测值与真值之间没有差异，进行检验。

解： 命令如下：

```
x = normrnd（0，1，1，100）;
[h，sig，ci] = ztest（x，0，1）
```

运行结果：

```
h = 0
sig = 0.6317
ci = [−0.1481 0.2439]
```

例 4 − 32　某批矿砂的 5 个样品中的镍含量，经测定为（%）：

$$3.25 \quad 3.27 \quad 3.24 \quad 3.26 \quad 3.24$$

设测定值总体服从正态分布，标准差为 0.04，问：在 0.01 水平上能否接受假设？这批镍含量的均值为 3.25。

解： 命令如下：

```
x = [3.25 3.27 3.24 3.26 3.24];
[h，sig，ci] = ztest（x，3.25，0.04，0.01）
```

运行结果：

```
h = 0
sig = 0.9110
ci = [3.2059 3.298]
```

例 4 − 33　下面列出的是某工厂随机选取的 20 个部件的装配时间：

$$9.8 \quad 10.4 \quad 10.6 \quad 9.6 \quad 9.7 \quad 9.9 \quad 10.9 \quad 11.1 \quad 9.6$$
$$10.2 \quad 10.3 \quad 9.6 \quad 9.9 \quad 11.2 \quad 10.6 \quad 9.8 \quad 10.5 \quad 10.1$$
$$10.5 \quad 9.7$$

设总体服从正态分布，标准差为 0.4，问：在 0.05 水平上能否认为装配时间均值显著地大于 10？

解： 需检验 $H_0: \mu \leq 10$；$H_1: \mu > 10$。命令如下，

```
x = [9.8  10.4  10.6  9.6  9.7  9.9  10.9  11.1  9.6  10.2
    10.3  9.6  9.9  11.2  10.6  9.8  10.5  10.1  10.5  9.7];
[h，sig，ci] = ztest（x，10，0.4，0.05，1）
```

运行结果为 $h = 1$，$sig = 0.0127$，$ci = [10.0529 \quad inf]$。因此拒绝原假设。

接下来看单个样本的 t 检验。需要用到 ttest 函数，其功能是在未知方差的条件下进行正态总体均值的检验。命令格式为：

```
h = ttest (x, m);
h = ttest (x, m, alpha);
[h, sig, ci] = ttest (x, m, alpha, tail);
```

若 $h = 1$，则拒绝原假设；若 $h = 0$，则接受原假设。其他格式和参数的取值含义与 ztest 大致相同。

例 4－34　测得一批刚件 20 个样品的屈服点（单位：T/mm^2）为

$$4.98 \quad 5.11 \quad 5.20 \quad 5.11 \quad 5.00 \quad 5.61 \quad 4.88 \quad 5.27 \quad 5.38$$
$$5.20 \quad 5.46 \quad 5.27 \quad 5.23 \quad 4.96 \quad 5.35 \quad 5.15 \quad 5.35 \quad 4.77$$
$$5.33 \quad 5.54$$

设屈服点服从正态分布，在 0.05 水平上，检验该样本的均值是否为 5.20 的假设检验。

解：需检验 $H_0: \mu = 5.20$；$H_1: \mu \neq 5.20$。命令如下：

```
x = [4.98  5.11  5.20  5.11  5.00  5.61  4.88  5.27  5.38  5.20  5.46
    5.27  5.23  4.96  5.35  5.15  5.35  4.77  5.33  5.54];
m = mean (x)
[h, sig, ci] = ttest (x, 5.20, 0.05)
```

输出结果为：$m = 5.2075$，$h = 0$，$sig = 0.8796$，$ci = [5.1052 \quad 5.3098]$。因此接受原假设。

对于两个样本的 t 检验，对应的命令为 ttest2 函数，其功能是进行两个样本均值差异的 t 检验。命令格式为：

```
[h, significance, ci] = ttest2 (x, y);
[h, significance, ci] = ttest2 (x, y, alpha);
[h, significance, ci] = ttest2 (x, y, alpha, tail);
```

若 $h = 1$，则拒绝原假设；若 $h = 0$，则接受原假设。格式的使用和参数的取值含义与 ttest 大致相同。

例 4－35　对两种不同的水稻品种 A、B 分别统计了 8 个地区的单位面积产量（单位：kg）。

品种 A：86　87　56　93　84　93　75　79

品种 B：80　79　58　91　77　82　76　66

要求检验两个水稻品种的单位面积产量之间是否有显著差异。

解：命令如下：

```
x = [86  87  56  93  84  93  75  79];
y = [80  79  58  91  77  82  76  66];
[h, significance, ci] = ttest2 (x, y);
```

运行结果为 $h = 0$，$significance = 0.3393$，$ci = [-6.4236 \quad 17.4236]$。因此接受原假设。

4.10　假设检验－非参数检验

Jarque－Bera 检验是评价 X 服从正态分布的假设是否成立。该检验基于样本偏度和峰度，正态分布样本偏度接近于 0，峰度接近于 3。样本偏度 $G1$ 和峰度 $G2$ 分别定义如下：

$$G1 = \frac{\frac{1}{n} \sum_{i=1}^{n} (X_i - \bar{X})^3}{\left(\sqrt{\frac{1}{n} \sum_{i=1}^{n} (X_i - \bar{X})^2} \right)^3}$$

$$G2 = \frac{\frac{1}{n} \sum_{i=1}^{n} (X_i - \bar{X})^4}{\left(\sqrt{\frac{1}{n} \sum_{i=1}^{n} (X_i - \bar{X})^2} \right)^4}$$

基于此构造一个包含 χ^2 的统计量：

$$JB = \frac{n}{6} \left[G1^2 + \frac{(G2 - 3)^2}{4} \right]$$

Jarque 和 Bera 证明了在正态性假定下，JB 渐进地服从自由度为 2 的 χ^2 分布，若 JB 超过了 $\chi^2_{1-\alpha}(2)$，即 $\chi^2(2)$ 的下测 $1-\alpha$ 分位数，则拒绝正态分布零假设，反之接受零假设。

MATLAB 中 Jarque – Bera 检验的命令格式为：

```
H = jbtest (x);
H = jbtest (x, alpha);
[H, p, jbstat, cv] = jbtest (x, alpha);
```

若 $H = 1$，则拒绝服从正态分布；若 $H = 0$，则接受服从正态分布。其中，alpha 为显著水平，p 为 p 值，jbstat 为检验统计量的值，cv 为确定是否拒绝原假设的临界值。

例 4 – 36 确定下列数据是否服从正态分布。

```
x = [459 362 624 542 509 584 433 748 815 505 612 452 434
982 640 742 565 706 593 680 926 653 164 487 734 608
428 1153 593 844 527 552 513 781 474 388 824 538 862
659 775 859 755 49 697 515 628 954 771 609 402 960
885 610 292 837 473 677 358 638 699 634 555 570 84 416
606 1062 484 120 447 654 564 339 280 246 687 539 790
581 621 724 531 512 577 496 468 499 544 645 764 558
378 765 666 763 217 715 310 851];
```

解：命令为：

```
[H, p, jbstat, cv] = jbtest (x, 0.05);
```

结果为：

```
H = 0 p = 0.6913   Jbstat = 0.7384   cv = 5.9915
```

接下来介绍总体分布的 χ^2 检验法。假设总体 X 的样本观测值为 x_1, x_2, $\cdots$, x_n，如何检验假设 H_0: X 的分布函数为 $F(x)$ 是否成立？这里 $F(x)$ 为已知的分布函数。

我们的做法是在实数轴上取 k 个分点 t_1, t_2, $\cdots$, t_k，得到互不相交的区间

$$(-\infty, t_1), [t_1, t_2), \cdots, [t_k, +\infty)$$

设样本观测值为 x_1, x_2, $\cdots$, x_n，落入第 i 个区间的个数为 v_i，其频率为 v_i/n。如果 H_0 成立，由给定的分布函数 $F(x)$，可以计算 X 落在每个小区间的概率为

$$p_i = P(t_{i-1} < X \leq t_2) = F(t_i) - F(t_{i-1})$$

其中，$t_0 = -\infty$，$t_{k+1} = +\infty$。考虑统计量

$$\chi^2 = \sum_{i=1}^{k+1} \left(\frac{v_i}{n} - p_i\right)^2 \frac{n}{p_i} = \sum_{i=1}^{k+1} \frac{(v_i - np_i)^2}{np_i} = \sum_{i=1}^{k+1} \frac{v_i^2}{np_i} - n$$

Pearson 在 1900 年证明了如下定理：设 $F(x)$ 是随机变量 X 的分布函数，当 H_0 成立时，上述 χ^2 给出的极限分布为 $\chi^2(k)$，其中，$F(x)$ 中不含有未知参数，v_i 称为实际频数，np_i 为理论频数。

由此定理可得，给定显著性水平 α，查 χ^2 分布表可得 $\chi_\alpha^2(k)$ 临界值，若 $\chi^2 > \chi_\alpha^2(k)$，拒绝 H_0，认为总体 X 的分布函数与 $F(x)$ 有显著差异；若 $\chi^2 \leq \chi_\alpha^2(k)$，不能拒绝 H_0。

当总体 $F(x)$ 中含有未知参数 θ_1，θ_2，$\cdots$，θ_r 时，则需要先利用数据对未知参数进行估计（通常采用极大似然估计）。设 $F(x)$ 是随机变量 X 的分布函数，且 $F(x)$ 中含有 r 个未知参数。当 H_0 成立时，上述给出的 χ^2 的极限分布为 $\chi^2(k-r)$。由此定理可得，给定显著性水平 α，查 χ^2 分布表可得临界值 $\chi_\alpha^2(k-r)$，若 $\chi^2 > \chi_\alpha^2(k-r)$，则拒绝 H_0，认为总体 X 的分布函数与 $F(x)$ 有显著差异；若 $\chi^2 \leq \chi_\alpha^2(k-r)$，不能拒绝 H_0。此方法对离散型随机变量和连续型随机变量均适用。

例 4-37 表 4-9 是某服务台 100 min 内记录的每分钟被呼叫的次数的结果汇总，其中 n_i 表示出现 x_i 的次数。

表 4-9

x	0	1	2	3	4	5	6	7	8	9
n	0	7	12	18	17	30	13	6	3	4

请用该组数据检验该总体分布是否服从泊松分布。（取显著性水平为 0.05）

解：输入命令如下：

```
clear
x = [0 1 2 3 4 5 6 7 8 9
     0 7 12 18 17 30 13 6 3 4];
xi = x (1,:);
ni = x (2,:);
n = sum (x (2,:));
lamda = sum (xi. * ni) /n;
pi1 = poisspdf ([0:8], lamda);
pi1 (10) = 1 - sum (pi1);
pi = [1 - sum (pi1 ([3:10])), pi1 ([3:8]), pi1 (9) + pi1 (10)];
npi = n * pi;
ni = [ni (1) + ni (2), ni ([3:8]), ni (9) + ni (10)];
chii = (ni - npi). ^2. /npi;
chi2 = sum ((ni - npi). ^2. /npi) xi = [xi (1) + xi (2), xi ([3:8]),
```

```
xi (9) +xi (10)];
    table = [xi; pi; npi; ni; chii]; table = [table, sum (table, 2)];
    chi2ci = chi2inv (0.95, length (ni) -2)
    if chi2 < = chi2cih ='承认原假设'
    elseif chi2 > chi2cih ='拒绝原假设'
    end
```

习题 4

1. 在同一坐标系下，画出下列正态分布的密度函数图像：$\mu = 5$，$\sigma = 0.05$，0.75，1.5，3，9。

2. 设随机变量 X 服从 $B(10, 0.25)$ 分布，画出 X 的分布函数图像。

3. 用随机模拟法求函数 $f(x) = (1 + x - x^2 + 3x^3) \cos(7x)$，$g(x) = 7x^3 \cos(3x) + 3x^2 \sin(7x)$ 在闭区间 $[-2\pi, 2\pi]$ 上的最小值和最大值。

4. 用随机模拟方法计算积分：$\int_0^2 \mathrm{e}^{x^2} \sin(2x) \mathrm{d}x$，$\int_0^1 \int_1^4 \mathrm{e}^{x^2+y^2} \sin2(x + y) \mathrm{d}x\mathrm{d}y$。

5. 生成服从如下分布的一个随机数，10 个随机数，2 行 5 列的随机数：

(1) $U(4, 8)$；

(2) $N(10, 4)$；

(3) $E(0.9)$；

(4) $B(10, 0.8)$；

(5) 分布函数为 $F(x) = \begin{cases} 0.5\mathrm{e}^x, & x \leqslant 0, \\ 0.5 + 0.25x, & 0 < x \leqslant 1, \\ 1 - 0.25\mathrm{e}^{1-x}, & x > 1。 \end{cases}$

6. 生成服从如下分布的 1 000 个随机数，并计算其平均值、中位数、方差、标准差、极差、偏度、峰度、带有密度曲线的频率直方图和经验分布函数图：

(1) $N(10, 1)$；

(2) $N(10, 9)$；

(3) $N(10, 100)$。

7. 生成服从如下分布的 10 万个随机数，并绘制其带有密度曲线的频率直方图、经验分布函数图：

(1) $E(10)$；

(2) $N(10, 1)$。

8. 设总体 X 的均值 μ、方差 σ^2 都存在，$\sigma^2 > 0$，现有此总体的 8 个样本为 1.3，3.6，4.3，0.9，1.5，3.0，4.9，0.8，求 μ 和 σ^2 的矩估计。

9. 设总体 X 具有分布律

$$X \sim \begin{pmatrix} 1 & 2 & 3 \\ \theta^2 & 2\theta (1-\theta) & (1-\theta)^2 \end{pmatrix}$$

其中，$0 < \theta < 1$ 为未知参数。已经取得样本值 $x_1 = 1$，$x_2 = 2$，$x_3 = 2$，试求参数 θ 的矩估计。

10. 某种电子元件的寿命（以 h 计算）X 服从双参数指数分布，其概率密度为：

$$f(x) = \begin{cases} \dfrac{1}{2\theta}\exp\left[-(x-\mu)/(2\theta)\right], & x \geqslant \mu, \\ 0, & \text{其他。} \end{cases}$$

其中，θ，$\mu > 0$ 均为未知参数，从一批这种零件中随机抽取 n 件进行寿命试验，设它们的失效时间分别为 x_1，x_2，$\cdots$，x_n，求参数 θ，μ 的矩估计。

11. 设总体 X 服从指数分布，概率密度为：

$$f(x, \lambda) = \begin{cases} 2\lambda e^{-\lambda x}, & x > 0, \\ 0, & x \leqslant 0。 \end{cases}$$

其中，λ 为未知参数，若取得样本值为 $(x_1, x_2, \cdots, x_n)$，求参数 λ 的极大似然估计值。

12. 设总体 $X \sim N(\mu, \sigma^2)$，μ，σ^2 为未知参数，现有此总体的 8 个样本 $[1.4, 3.2, 4.8, 1.7, 3.5, 2.3, 1.9, 4.7]$，求此总体的 μ，σ^2 极大似然估计。

13. 下面数据是某零件的长度（单位：cm），若数据来自正态分布，计算零件长度的均值和标准差的点估计和置信水平为 0.95 的区间估计。

170.1 178.1 171.5 178.1 174.1 177.2 171.3 179.2 175.4
163.3 179.0 176.5 178.4 168.1 179.4 176.3 179.0 173.9 173.7
173.1 162.3 180.3 173.8 176.3 163.7 177.0 165.9 167.6 167.4
174.0 174.3 184.5 171.9 180.4 164.6 177.4 172.4 180.3 177.5
166.2 173.5 171.7 167.9 178.7 165.6 179.6 171.6 168.1 173.2

14. 给出容量为 1 000 的正态分布 $N(5, 20)$ 的随机数，并以此为样本值，给出 σ 的区间估计。

15. 设某产品的生产工艺发生了改变，在改变前后分别测得若干产品的技术指标，其结果为

改变前：21.6 22.8 22.1 21.2 20.5 21.9 21.4
改变后：24.1 23.8 24.7 24.0 23.7 24.3 24.5

假设该产品的技术指标服从正态分布，方差未知且工艺改变前后不变。试估计工艺改变后，该技术的置信水平为 95% 的平均值的变化范围是多少。

16. 甲、乙两台机床生产同一型号的滚珠，从这两台机床的滚珠中分别抽取若干样品，测得滚珠的直径（单位：mm）如下：

甲机床：15.0 14.7 15.2 15.4 14.8 15.1 15.2 15.0
乙机床：15.2 15.0 14.8 15.2 15.0 15.0 14.8 15.1 14.9

设两台机床生产的滚珠的直径都服从正态分布，请检验两台机床的加工精度有无明显差异（$\alpha = 0.05$）。（$\alpha = 0.05$），若是，求出均值差异的置信区间。

17. 下面是某服务台 100 min 内记录的每分钟被呼叫的次数的结果汇总，其中 n_i 表示出现 x_i 的次数。

x_i	0	1	2	3	4	5	6	7	8	9
n_i	5	7	16	17	19	21	33	6	2	4

请用该组数据检验该总体分布是否服从泊松分布。（取显著性水平为 0.05）

18. 某百货公司的电器部下半年各月洗衣机的销量如下：

月份：	7 月	8 月	9 月	10 月	11 月	12 月	合计
销量（台）：	27	28	15	24	36	30	150

　　该电器部总经理想了解洗衣机的销量是否在各月是均匀分布的，也就是说各月中销量的差别是否可以归结为随机原因，这样可以为以后的进货提供依据。要求以取显著性水平为 0.05 进行检验。

第5章
最优化方法实验

MATLAB 求解的常用优化模型包括线性规划、无约束优化、约束优化、二次规划、极小极大问题、多目标规划、线性与非线性最小二乘、纯整数与混合整数规划、0 – 1 规划及遗传算法等。下面就几种常见的不同类型的优化问题来看一下用 MATLAB 软件如何求解。

5.1　线性规划求解

假设已经根据实际问题建立了线性规划的模型，其一般形式为：

目标函数：

$$\max(\min)z = c_1x_1 + c_2x_2 + \cdots + c_nx_n$$

满足约束条件：

$$\begin{cases} a_{11}x_1 + a_{12}x_2 + \cdots + a_{1n}x_n \leqslant (= , \ \geqslant)b_1, \\ a_{21}x_1 + a_{22}x_2 + \cdots + a_{2n}x_n \leqslant (= , \ \geqslant)b_2, \\ \qquad\qquad\qquad \cdots \\ a_{m1}x_1 + a_{m2}x_2 + \cdots + a_{mn}x_n \leqslant (= , \ \geqslant)b_m, \\ x_1, \ x_2, \ \cdots, \ x_n \geqslant 0_\circ \end{cases}$$

如果用 MATLAB 优化工具箱解线性规划，则要转化为下面的几种形式进行求解：

（1）模型：

$$\min z = cx$$
$$\text{s. t.} \quad Ax \leqslant b$$

命令：x = linprog (c, A, b)

（2）模型：

$$\min z = cx$$
$$\text{s. t.} \quad Ax \leqslant b$$
$$\qquad\quad Aeqx = beq$$

命令：x = linprog (c, A, b, Aeq, beq)

注意：若没有不等式 $Ax \leqslant b$ 存在，则令 A = [ ]，b = [ ]。

（3）模型：

$$\min z = cx$$

$$\text{s. t.}\quad Ax \leqslant b$$
$$Aeqx = beq$$
$$VLB \leqslant x \leqslant VUB$$

命令：$[1]$ x = linprog (c, A, b, Aeq, beq, VLB, VUB)

　　　$[2]$ x = linprog (c, A, b, Aeq, beq, VLB, VUB, X$_0$)

注意：① 若没有等式约束 $Aeqx = beq$，则令 Aeq = $[\ ]$，beq = $[\ ]$；

　　　② 其中 X$_0$ 表示初始点。

（4）命令：$[x, fval]$ = linprog $(\cdots)$

返回最优解 x 及 x 处的目标函数值 fval。

　　例 5 – 1　现在考虑以最低成本确定满足动物所需营养的最优混合饲料的问题。设某厂每天需要混合饲料的批量为 100 磅[①]，这份饲料必须含：至少 0.8% 而不超过 1.2% 的钙、至少 22% 的蛋白质、至多 5% 的粗纤维。假定主要配料包括石灰石、谷物、大豆粉。这些配料的主要营养如表 5 – 1 所示。

表 5 – 1

每磅配料中的营养含量/%	钙/%	蛋白质/%	纤维/%	每磅成本/百元
石灰石	0.380	0.00	0.00	0.016 4
谷物	0.001	0.09	0.02	0.046 3
大豆粉	0.002	0.50	0.08	0.125 0

如何配料能使费用最省？

　　解：根据前面介绍的建模要素，得出此问题的数学模型如下：设 x_1，x_2，x_3 是生产 100 磅混合饲料所需的石灰石、谷物、大豆粉的量（磅）：

$$\begin{cases} \min z = 0.016\ 4x_1 + 0.046\ 3x_2 + 0.125\ 0x_3, \\ \text{s. t.}\quad x_1 + x_2 + x_3 = 100, \\ 0.380x_1 + 0.001x_2 + 0.002x_3 \leqslant 0.012 \times 100, \\ 0.380x_1 + 0.001x_2 + 0.002x_3 \geqslant 0.008 \times 100, \\ 0.09x_2 + 0.50x_3 \geqslant 0.22 \times 100, \\ 0.02x_2 + 0.08x_3 \leqslant 0.05 \times 100, \\ x_1 \geqslant 0,\ x_2 \geqslant 0,\ x_3 \geqslant 0。 \end{cases}$$

改写为：

$$\min z = (0.016\ 4\quad 0.046\ 3\quad 0.125\ 0)X$$

$$\begin{pmatrix} 0.380 & 0.001 & 0.002 \\ -0.380 & -0.001 & -0.002 \\ 0 & -0.09 & -0.5 \\ 0 & 0.02 & 0.08 \end{pmatrix} X \leqslant \begin{pmatrix} 1.2 \\ -0.8 \\ -22 \\ 5 \end{pmatrix}$$

$$(1\quad 1\quad 1)X = (100),\ X = \begin{pmatrix} x_1 \\ x_2 \\ x_3 \end{pmatrix} \geqslant 0$$

---

① 1 磅 = 0.453 592 千克。

编写 M 文件如下：

```
f = [0.0164 0.0463 0.1250];
A =  [0.380    0.001    0.002
     -0.380  -0.001   -0.002
      0       -0.09    -0.5
      0        0.02     0.08];
b = [1.2; -0.8; -22; 5];
Aeq = [1  1  1];
beq = [100];
vlb = zeros (3, 1);
vub = [];
[x, fval] = linprog (f, A, b, Aeq, beq, vlb, vub)
```

计算结果如下：

```
x =
    2.8171
    64.8572
    32.3257
fval = 7.0898
```

即三种原料用量分别为 2.817 1 磅、64.857 2 磅、32.325 7 磅，费用最省。

例 5 - 2 两个美国学生暑假时考虑创业，打算成立一家公司，主营业务是往大学推销某种打印机。他们先与生产商签订了一个每月最多供应 500 台机器的合同，这时他们面临寻找一个合适的库存地点的问题，他们找到一处符合各方面需求的房子，但是房主的要价是每年租金为 10 万美元，他们觉得难以承受，房主于是提出了一个备选方案：按库存的机器数量付租金，在经营的第一个月内，每台机器每月库存费用为 10 美元，剩余月份每台每月增加 2 美元。一般情况下他们在 9 月初大学开学时才有销量，到 6 月降为 0，机器售价为 180 美元。他们计算出包括购买、运输及管理在内的总成本，前 4 个月每台成本 100 美元，其后的 4 个月每台成本为 90 美元，该年剩下的 4 个月每台成本 85 美元，每月最多订购一次。经过调查，他们估计出该学年 9 月到下年 5 月的销售量如表 5 - 2 所示。

表 5 - 2

月份	销售数/台
9 月	340
10 月	650
11 月	420
12 月	200
1 月	660
2 月	550
3 月	390
4 月	580
5 月	120

他们应该如何制订一个使成本最小的订购计划？如果后来他们又接到生产厂商的电话，不能为他们每月供应 500 台机器，他们可以在前 4 个月每月供应 700 台，后 5 个月每月供应 300 台。这对他们的订购计划有何影响？

问题：建立问题的通用数学规划模型，为该公司制订一个成本最少的最优订购计划。库存费用的两种支付方式——10 万美元一年或按机器数量每月付费，哪种更有利？生产商供应模式的变化将给公司带来怎样的损失？

建立问题的数学模型：设 $x_i(i=1,2,\cdots,9)$ 为每月订货量，$s_i(i=1,2,\cdots,9)$ 为每月存储量，则建立线性规划模型如下：

$$\min z = 100\sum_{i=1}^{4}x_i + 90\sum_{i=5}^{8}x_i + 85x_9 + 10s_1 + 12\sum_{i=2}^{9}s_i$$

$$\text{s. t.}\quad x_i \leqslant 500 \quad i=1,2,\cdots,9$$

$$s_{i-1} + x_i - d_i = s_i \quad i=2,3,\cdots,9$$

$$x_1 - d_1 = s_1$$

$$x_i, s_i \geqslant 0 \quad i=1,2,\cdots,9$$

要用 MATLAB 求解，变量为两组 $x_i(i=1,2,\cdots,9)$ 和 $s_i(i=1,2,\cdots,9)$，这样要转化为 MATLAB 软件所需的形式比较麻烦，为了简化模型，可以利用约束条件消掉存储量 $s_i(i=1,2,\cdots,9)$，模型简化为：

$$\min z = 100\sum_{i=1}^{4}x_i + 90\sum_{i=5}^{8}x_i + 85x_9 + 10(x_1-d_1) + 12\sum_{i=2}^{9}\left(\sum_{j=1}^{i}x_i - \sum_{j=1}^{i}d_i\right)$$

$$\text{s. t.}\quad x_i \leqslant 500 \quad i=1,2,\cdots,9$$

$$\sum_{j=1}^{i}x_i \geqslant \sum_{j=1}^{i}d_i \quad i=1,2,\cdots,8$$

$$\sum_{j=1}^{9}x_i = \sum_{j=1}^{9}d_i$$

$$x_i \geqslant 0 \quad i=1,2,\cdots,9$$

改写为：

$$\min z = (194 \quad 184 \quad 172 \quad 160 \quad 138 \quad 126 \quad 114 \quad 102 \quad 85)\,\boldsymbol{X}$$

$$\text{s. t.}\quad x_i \leqslant 500 \quad i=1,2,\cdots,9$$

$$\begin{pmatrix} -1 & 0 & 0 & 0 & 0 & 0 & 0 & 0 & 0 \\ -1 & -1 & 0 & 0 & 0 & 0 & 0 & 0 & 0 \\ -1 & -1 & -1 & 0 & 0 & 0 & 0 & 0 & 0 \\ -1 & -1 & -1 & -1 & 0 & 0 & 0 & 0 & 0 \\ -1 & -1 & -1 & -1 & -1 & 0 & 0 & 0 & 0 \\ -1 & -1 & -1 & -1 & -1 & -1 & 0 & 0 & 0 \\ -1 & -1 & -1 & -1 & -1 & -1 & -1 & 0 & 0 \\ -1 & -1 & -1 & -1 & -1 & -1 & -1 & -1 & 0 \end{pmatrix} \boldsymbol{X} \leqslant \begin{pmatrix} -990 \\ -1\,410 \\ -1\,610 \\ -2\,270 \\ -2\,820 \\ -3\,210 \\ -3\,790 \end{pmatrix}$$

$$(1 \quad 1 \quad 1 \quad 1 \quad 1 \quad 1 \quad 1 \quad 1 \quad 1)\,X = 3\,910$$

$$0 \leqslant x_i \leqslant 500 \quad i=1,2,\cdots,9$$

编程如下：

```
f = [194 184 172 160 138 126 114 102 85];
A =   [-1    0    0    0    0    0    0    0    0
       -1   -1    0    0    0    0    0    0    0
       -1   -1   -1    0    0    0    0    0    0
       -1   -1   -1   -1    0    0    0    0    0
       -1   -1   -1   -1   -1    0    0    0    0
       -1   -1   -1   -1   -1   -1    0    0    0
       -1   -1   -1   -1   -1   -1   -1    0    0
       -1   -1   -1   -1   -1   -1   -1   -1    0];
b = [-340; -990; -1410; -1610; -2270; -2820; -3210; -3790];
Aeq = [1 1 1 1 1 1 1 1];
beq = [3910];
vlb = zeros (9, 1);
vub = [500 500 500 500 500 500 500 500 500];
[x, fval] = linprog (f, A, b, Aeq, beq, vlb, vub);
cc = -94*340 - 84*650 - 72*420 - 60*200 - 48*660 - 36*550 - 24*390 - 12*580
fval = fval + cc
cf = [94 84 72 60 48 36 24 12 0];
cfy = cf*x + cc
```

计算结果如下：

```
x =
    490.0000
    500.0000
    420.0000
    410.0000
    500.0000
    500.0000
    470.0000
    500.0000
    120.0000
fval = 3.7508e +005
cfy =    5.5800e +003
```

若改为：vub = [700 700 700 700 300 300 300 300 300];

```
x =
    490.0000
    700.0000
    700.0000
    700.0000
```

```
300.0000
300.0000
300.0000
300.0000
120.0000
```

fval = 4.1386e + 005

cfy =　3.6660e + 004

由上述结果可以看出，每月的最优订购计划就是 $x_i (i = 1, 2, \cdots, 9)$ 的取值，库存费用按月支付更有利，生产商供应模式的变化将给公司带来的损失为 $36\,660 - 5\,580 = 31\,080$（美元）。

5.2　无约束优化求解

一元函数无约束优化问题：$\min f(x)$，$x_1 \leqslant x \leqslant x_2$，常用命令格式如下：

（1）x = fminbnd (fun, x_1, x_2)；

（2）x = fminbnd (fun, x_1, x_2, options)；

（3）[x, fval] = fminbnd (...)。

例 5 – 3　求 $f(x) = e^{-x} + x^2$ 在 $[-1, 1]$ 上的最小值。

程序为：

```
function minf1 ()
    [x, y] = fminbnd (@ fun, -1, 1)
function y = fun (x)
y = exp (-x) + x^2;
```

在文件编辑窗口单击/Debug/Save and Run/运行文件，计算结果为：

```
x =
    0.3518
y =
    0.8272
```

多元函数无约束优化问题 $\min\limits_{X \in \mathbf{R}^n} f(x)$，命令格式为：

（1）x = fminunc (fun, X_0)；

　　　或 x = fminsearch (fun, X_0)

（2）x = fminunc (fun, X_0, options)；

　　　或 x = fminsearch (fun, X_0, options)

（3）[x, fval] = fminunc (...)；

　　　或 [x, fval] = fminsearch (...)

（4）[x, fval, exitflag] = fminunc (...)；

　　　或 [x, fval, exitflag] = fminsearch

（5）[x, fval, exitflag, output] = fminunc (...)；

　　　或 [x, fval, exitflag, output] = fminsearch (...)

例 5 – 4　有一宽 24 cm 的正方形铁板，把它两边折起来，做成一个横截面为梯形的水槽（见图 5 - 1），问：怎样折才能使梯形的截面积最大？

图 5 - 1

设每边折起来的部分长度为 x cm，折起的角度为 α，则截面积极大为：

$$\max S = (24 - 2x + x\cos\alpha)x\sin\alpha$$

式中，$0 \leqslant x \leqslant 12$，$0 \leqslant \alpha \leqslant \dfrac{\pi}{2}$。

解：运用解析法求解，对目标函数 $S = (24 - 2x + x\cos\alpha)x\sin\alpha$ 求偏导数为零，得

$$\begin{cases} 12 - 2x + x\cos\alpha = 0, \\ (24 - 2x)\cos\alpha + x\cos(2\alpha) = 0。 \end{cases}$$

解方程组得 $x = 8$，$\alpha = \dfrac{\pi}{3}$。在这个点处二阶 $\nabla^2 f(x, \alpha)$ 负定，为极大值。

再考虑用 MATLAB 求解。先化为 $\min S = -(24 - 2x + x\cos\alpha)x\sin\alpha$，编程如下：

```
function minf2 ()
x0 = [1, 1];
[x, y] = fminunc (@ fun, x0)  (也可改为 [x, y] = fminsearch (@ fun, x0))
function y = fun (x)
y = - (24 - 2 * x (1) + x (1) * cos (x (2))) * x (1) * sin (x (2));
```

在文件编辑窗口单击/Debug/Save and Run/运行文件，计算结果为：

```
x =
    8.0000    1.0472
y =
    -83.1384
```

与解析解的结果一致。

例 5 - 5 一家制造计算机的公司计划生产两种计算机产品，两种产品使用相同的微处理芯片，但是一种使用 27 英寸的显示器，一种使用 31 英寸的显示器。除了 400 000 美元的固定费用外，每台 27 英寸显示器的计算机成本为 1 950 美元，公司预计售价为 3 390 美元，而 31 英寸的计算机成本为 2 250 美元，公司预计售价为 3 990 美元。销售人员估计每种计算机多卖一台其价格将下降 0.1 美元，而多卖一台 31 英寸计算机，27 英寸计算机将下降 0.03 元；多卖一台 27 英寸计算机，31 英寸计算机将下降 0.04 元。假设所有计算机都可以售出，那么该公司应如何安排生产使得利润最大？

在构建模型时，我们使用如下的符号：

x_1：27 英寸计算机销量（台）

x_2：31 英寸计算机销量（台）

p_i：两种计算机的价格（美元）$(i = 1, 2)$

R：总收入（美元）

C：总成本（美元）

P：总利润（美元）

由已知条件可以得出：

$$p_1 = 3\,390 - 0.1x_1 - 0.03x_2$$

$$p_2 = 3\,990 - 0.04x_1 - 0.1x_2$$

$$R = p_1x_1 + p_2x_2$$

$$C = 1\,950x_1 + 2\,250x_2 + 400\,000$$

$$P = R - c$$

$$x_1 \geqslant 0, \qquad x_2 \geqslant 0$$

由此建立优化模型：

$$\max P(x_1,\ x_2) = R - C$$

$$= (3\,390 - 0.1x_1 - 0.03x_2)x_1 + (3\,990 - 0.04x_1 - 0.1x_2)x_2 -$$

$$(1\,950x_1 + 2\,250x_2 + 400\,000)$$

$$= 1\,440x_1 - 0.1x_1^2 + 1\,740x_2 - 0.1x_2^2 - 0.07x_1x_2 - 400\,000$$

目标函数为二次函数，求驻点：

$$\frac{\partial P}{\partial x_1} = 1\,440 - 0.2x_1 - 0.07x_2 = 0$$

$$\frac{\partial P}{\partial x_2} = 1\,740 - 0.07x_1 - 0.2x_2 = 0$$

解得

$$x_1 = 4\,736$$
$$x_2 = 7\,043 \quad (\text{经过舍入})$$

可以验证其二阶导数矩阵为负定矩阵，故为极大值点。

　　若采用 MATLAB 软件求解，程序为：

```
function minf3 ()
x0 = [0, 0];
[x, y] = fminunc (@ fun, x0) (也可改为 [x, y] = fminsearch (@ fun, x0))
function y = fun (x)
y = -1440*x (1) +0.1*x (1)^2 -1740*x (2) +0.1*x (2)^2 +0.07*x (1)*x (2) +
400000;
```

计算结果：

```
x =
   1.0e +003 * (4.7350   7.0427)
y =
  -9.1364e +006
```

5.3　二次规划求解

　　类似于线性规划，求解二次规划之前需要先将其化为需要的标准形式：

$$\min z = \boldsymbol{x}^{\mathrm{T}} H \boldsymbol{x} + c\boldsymbol{x}$$

$$\text{s. t.} \qquad Ax \leqslant b$$

$$Aeq\ x = beq$$
$$VLB \leqslant x \leqslant VUB$$

用 MATLAB 软件求解，其输入格式如下：

（1）x = quadprog (H, C, A, b);

（2）x = quadprog (H, C, A, b, Aeq, beq);

（3）x = quadprog (H, C, A, b, Aeq, beq, VLB, VUB);

（4）x = quadprog (H, C, A, b, Aeq, beq , VLB, VUB, X$_0$);

（5）x = quadprog (H, C, A, b, Aeq, beq , VLB, VUB, X$_0$, options);

（6）[x, fval] = quadprog (...);

（7）[x, fval, exitflag] = quadprog (...);

（8）[x, fval, exitflag, output] = quadprog (...);

例 5 - 6　求解下面二次规划：

$$\min z = x^{\mathrm{T}} \begin{pmatrix} 2 & 1 & 1 & -0.5 \\ 1 & 2 & 1 & -1 \\ 1 & 1 & 2 & -1 \\ -0.5 & -1 & -1 & 1 \end{pmatrix} x + (\ -8 \quad -8 \quad -8 \quad 4\ )x$$

$$\text{s. t.} \quad \begin{pmatrix} 0 & -2 & 0 & 1 \\ 0 & 0 & -2 & 1 \\ 2 & 2 & 2 & -1 \\ 1 & 1 & 0 & 0 \\ 1 & 0 & 0 & 0 \end{pmatrix} x \leqslant \begin{pmatrix} 0 \\ 0 \\ 8 \\ 3 \\ 2 \end{pmatrix}$$

$$x \geqslant 0$$

编程如下：

```
H = [2 1 1 -0.5;1 2 1 -1;1 1 2 -1; -0.5 -1 -1 1];
    c = [-8; -8; -8; 4]; A = [0 -2 0 1;0 0 -2 1; 2 2 2 -1;1 1 0 0; 1 0 0 0];
b = [0; 0; 8; 3; 2];
    Aeq = []; beq = []; VLB = [0; 0; 0; 0]; VUB = [];
    [x, z] = quadprog (H, c, A, b, Aeq, beq, VLB, VUB)
```

计算结果为：

```
x =
    1.0000
    2.0000
    2.0000
    2.0000
z =  -22
```

5.4　约束优化问题求解

考虑约束优化问题

$$\min z = f(x)$$
$$\text{s. t.} \quad Ax \leqslant b$$
$$\text{Aeq } x = \text{beq}$$
$$g_j(x) \leqslant 0 \quad j = 1, 2, \cdots, m$$
$$h_i(x) = 0 \quad i = 1, 2, \cdots, p$$
$$\text{VLB} \leqslant x \leqslant \text{VUB}$$

其中，$f(x)$，$g_j(x)$，$h_i(x)$ 为非线性函数，用 MATLAB 求解，函数是 fmincon，命令的基本格式如下：

(1) x = fmincon (@ fun, X_0, A, b)

(2) x = fmincon (@ fun, X_0, A, b, Aeq, beq)

(3) x = fmincon (@ fun, X_0, A, b, Aeq, beq, VLB, VUB)

(4) x = fmincon (@ fun, X_0, A, b, Aeq, beq, VLB, VUB, @ nonlcon)

(5) x = fmincon (@ fun, X_0, A, b, Aeq, beq, VLB, VUB, @ nonlcon, options)

(6) [x, fval] = fmincon (...)

(7) [x, fval, exitflag] = fmincon (...)

(8) [x, fval, exitflag, output] = fmincon (...)

例 5 - 7 求解下面约束非线性规划：
$$\min f(x) = e^{x_1}(4x_1^2 + 2x_2^2 + 4x_1x_2 + 2x_2 + 1)$$
$$\text{s. t.} \quad x_1 + x_2 = 0$$
$$1.5 + x_1x_2 - x_1 - x_2 \leqslant 0$$
$$-x_1x_2 - 10 \leqslant 0$$

编程如下：

```
function mincon ()
x0 = [-1; 1];
A = []; b = [];
Aeq = [1 1]; beq = [0];
vlb = []; vub = [];
[x, fval] = fmincon (@ fun, x0, A, b, Aeq, beq, vlb, vub, @ mycon)
    function f = fun (x);
f = exp (x (1)) * (4*x (1)^2 +2*x (2)^2 +4*x (1)*x (2) +2*x (2) +1);%
```
目标函数
```
function [g, ceq] = mycon (x)
g = [1.5 +x (1)*x (2) -x (1) -x (2); -x (1)*x (2) -10];%非线性不等式约束
    ceq = [];  非线性等式约束为空
```
计算结果如下：
```
x =
    -1.2247
     1.2247
```

```
fval =
    1.8951
```

5.5 整数规划 (0 – 1 规划)

类似于线性规划，MATLAB 优化工具箱提供了求解 0 – 1 整数规划的函数 bintprog，求解之前要先将其化为需要的标准形式：

$$\min z = cx$$
$$\text{s. t.} \quad Ax \leq b$$
$$Aeq\, x = beq$$
$$\text{VLB} \leq x \leq \text{VUB}$$

用 MATLAB 软件求解，其输入格式如下：

(1) x = bintprog (C);

(2) x = bintprog (C, A, b);

(3) x = bintprog (C, A, b, Aeq, beq);

(4) x = bintprog (C, A, b, Aeq, beq, X_0);

(5) x = bintprog (C, A, b, Aeq, beq, X_0, options);

(6) [x, fval] = bintprog (...);

(7) [x, fval, exitflag] = bintprog (...);

(8) [x, fval, exitflag, output] = bintprog (...);

例 5 – 8 求解下面 0 – 1 规划：

$$\min z = x_1 + 2x_2 + 3x_3 + x_4 + x_5$$
$$\text{s. t.} \quad 2x_1 + 3x_2 + 5x_3 + 4x_4 + 7x_5 \geq 8$$
$$x_1 + x_2 + 4x_3 + 2x_4 + 2x_5 \geq 5$$
$$x_i \in \{0, 1\}$$

编程如下：

```
f = [1 2 3 1 1];
A =   [-2   -3   -5   -4   -7
        -1   -1   -4   -2   -2];
b = [-8; -5];
Aeq = [];
beq = [];
 [x, fval] = bintprog (f, A, b)
```

计算结果：

```
x = (1, 0, 0, 1, 1)'
fval = 3
```

习题 5

1. 运用 MATLAB 求解下面的线性规划问题：

（1）$\max z = 3x_1 - 2x_2 - x_3$

$$x_1 - 2x_2 + x_3 \leqslant 11,$$
$$-4x_1 + x_2 + 2x_3 \geqslant 3,$$
$$-2x_1 \quad\quad + x_3 = 1,$$
$$x_1,\ x_2,\ x_3 \geqslant 0;$$

（2）$\min z = -x_1 + 2x_2 - 3x_3$

$$x_1 + x_2 + x_3 = 6,$$
$$-x_1 + x_2 + 2x_3 = 4,$$
$$2x_1 \quad\quad + 3x_3 = 10,$$
$$x_3 \leqslant 2,$$
$$x_1,\ x_2,\ x_3 \geqslant 0;$$

（3）$\min z = x_1 + 2x_2 + 3x_3$

$$x_1 - x_2 - x_3 \geqslant 4,$$
$$x_2 - x_3 \geqslant 2,$$
$$x_1 + x_2 + 3x_3 \leqslant 8,$$
$$x_1,\ x_2,\ x_3 \geqslant 0。$$

2. 运用 MATLAB 求解下面的无约束优化问题：

（1）$\min(3x_1 + x_2 + 5x_1x_2 + x_1^2 + 3x_2^2)$；

（2）$\min(x_1^2 + x_1x_2 + x_2^2)$；

（3）$\min f(x) = 100\ (x_2 - x_1^2)^2 + (1 - x_1)^2$。

3. 运用 MATLAB 求解下面的约束优化问题：

（1）$\min(x_1^2 + x_2^2)$

s. t.　$2x_1 + x^2 - 2 \leqslant 0,$
$$-x_1 + 1 \leqslant 0;$$

（2）$\min(x_1^2 + x_2^2)$

s. t.　$-x_1 - x_2 + 1 \leqslant 0;$

（3）$\min\left[x_1 + \dfrac{1}{3}(x_2 + 1)^2\right]$

s. t.　$x_1 \geqslant 0,\ x_2 \geqslant 1。$

4. 运用 MATLAB 求解下面的整数规划问题：

（1）$\max z = 3x_1 + x_2$

s. t. $\begin{cases} 2x_1 + x_2 \leqslant 6, \\ 4x_1 + 5x_2 \leqslant 6, \\ 4x_1 + 5x_2 \leqslant 20, \\ x_1,\ x_2 \geqslant 0\ 且为整数; \end{cases}$

（2）$\max z = 10x_1 + 20x_2$

s. t. $\begin{cases} 0.25x_1 + 0.4x_2 \leqslant 3, \\ x_1 \leqslant 8, \\ x_2 \leqslant 4, \\ x_1,\ x_2 \geqslant 0\ 且为整数。 \end{cases}$

习 题 答 案

习题 1

1. 略。

2. (1) (4，5，6，7)；(2) (0.5，1，1.5，2)；(3) (0.333 3，0.666 7，1，1.333 3)；
(4) (1，4，9，16)；(5) (3，9，27，81)；(6) (1，2，6，8)；(7) (1，2，1.5，2)；
(8) (1，0.5，0.666 7，0.5)；(9) (1，2，9，16)。

3. 定义矩阵 $A = [1\ 2\ 3\ 4; 5\ 6\ 7\ 8; 3\ 4\ 5\ 6]$。

(1) $B = A(:, 3)$；(2) $C = A(1, :)$；(3) $D = A(1:2, :)$；(4) $E = A(:, 2:3)$；
(5) $F = A(1:2, 3:4)$；(6) $x(1, :) = [\ ]$，$x(:, 2) = [\ ]$。

4. 提示：定义矩阵 A，求最大元素可以用 max（max（A））命令。不过要求出最大元素并给出其位置，需要编写循环语句，逐个比对每一个元素的大小。

5. 略。

6. 略。

7. 第 6 年仍低于 800 万元，到 7 年后达到 862.5 万元。

8. 略。

9. 提示：定义矩阵 A，求最小元素可以用 min（min（A））命令。不过要求出最小元素并给出其位置，需要编写循环语句，逐个比对每一个元素的大小。

10. 第 9 次落下时共经过 19.960 9 m，第 10 次反弹会有 0.019 5 m。

11. $n \geqslant 7$。

12. 略。

13. 略。

14. 略。

15. 单减区间 $(-\infty, 1/3) \cup (3, +\infty)$，单增区间 $(1/3, 3)$；1/3 为极小值点，3 为极大值点。

16. 略。

17. 略。

18. 略。

19. 略。

习题 2

1. （1）1；（2）2；（3）inf；（4）$\pi^2/4$。

2. 略。

3. 略。

4. 略。

5. $15 {}^* x^\wedge 2 {}^* \cos(x) - 60 {}^* \cos(x) - x^\wedge 3 {}^* \sin(x) + 60 {}^* x {}^* \sin(x)$。

6. 观察是否满足 $\text{diff}(y, 2) - 2 {}^* \text{diff}(y) + 2 {}^* y = 0$。

7. $\dfrac{\partial z}{\partial x} = \sin y - y\sin x$，$\dfrac{\partial z}{\partial y} = x\cos y + \cos x$。

8. $\dfrac{\partial u}{\partial x} = \sin y + \dfrac{z {}^* \left(\dfrac{x}{y}\right)^{z-1}}{y}$，$\dfrac{\partial u}{\partial z} = \ln\left(\dfrac{x}{y}\right)\left(\dfrac{x}{y}\right)^z + y\tan(yz)$，

$\dfrac{\partial^2 u}{\partial^2 x} = \dfrac{(z^2 - z)\left(\dfrac{x}{y}\right)^{z-2}}{y^2}$，$\dfrac{\partial^2 u}{\partial x \partial y} = \cos y - \dfrac{z {}^* \left(\dfrac{x}{y}\right)^{z-1}}{y^2} - \dfrac{x {}^* z {}^* \left(\dfrac{x}{y}\right)^{z-2 {}^*}(z-1)}{y^3}$。

9. 略。

10. 略。

11. 略。

12. $(x {}^* (5 + x^\wedge 2)^\wedge (1/2))/2 + (5 {}^* \log(x + (5 + x^\wedge 2)^\wedge (1/2)))/2$

$$\int \sqrt{x^2 + 5}\,\mathrm{d}x = \frac{x}{2}\sqrt{x^2 + 5} + \frac{5}{2}\ln(x + \sqrt{x^2 + 5}) + C$$

13. （1）$\dfrac{3\pi}{32}$；（2）$2\sin 1 - \cos 1$；（3）$\dfrac{4\pi}{3a}R^3$。

14. 略。

15. （1）$\exp(t)/4 + C {}^* \exp(-3 {}^* t)$；

（2）$\sin(2 {}^* x)/5 - \cos(2 {}^* x)/10 + C {}^* \exp(-4 {}^* x)$；

（3）$\exp(x)/6 + C1 {}^* \exp(-x) + C2 {}^* \exp(-2 {}^* x)$。

16. 略。

17. 略。

18. 略。

习题 3

1. 略。

2. （1）$\begin{pmatrix} 1 & 0 & -2 & 3 & 0 & -24 \\ 0 & 1 & -2 & 2 & 0 & -7 \\ 0 & 0 & 0 & 0 & 1 & 4 \end{pmatrix}$；（2）$\begin{pmatrix} 1 & -1 & 0 & 4 \\ 0 & 1 & -1 & 0 & 3 \\ 0 & 0 & 0 & 1 & -3 \\ 0 & 0 & 0 & 0 & 0 \end{pmatrix}$。

3. （1） $x_1 = 5$，$x_2 = -4$，$x_3 = 3$，$x_4 = -1$；

（2）

$$\begin{pmatrix} 1 \\ 0 \\ 1 \\ 0 \end{pmatrix} + c_1 \begin{pmatrix} -2 \\ 1 \\ 0 \\ 0 \end{pmatrix} + c_2 \begin{pmatrix} -2 \\ 0 \\ 0 \\ 1 \end{pmatrix}$$

其中，c_1，c_2 为任意常数。

4. T_1，T_2，T_3，T_4 满足的方程组为：

$$\begin{cases} 4T_1 - T_2 \qquad - T_4 = 30, \\ -T_1 + 4T_2 - T_3 \qquad = 60, \\ \qquad - T_2 + 4T_3 - T_4 = 70, \\ -T_1 \qquad - T_3 + 4T_4 = 40。 \end{cases}$$

方程组的解为：

$T_1 = 20$，$T_2 = 27.5$，$T_3 = 30$，$T_4 = 22.5$。

5. （1） 关于未知数 a_0，a_1，a_2，a_3 的线性方程组为：

$$\begin{cases} a_0 = 0, \\ a_0 + a_1 + a_2 + a_3 = 5, \\ a_0 + 2a_1 + 4a_2 + 8a_3 = 8, \\ a_0 + 3a_1 + 9a_2 + 27a_3 = 45。 \end{cases}$$

方程组的解为：

$$a_0 = 0, \quad a_1 = 18, \quad a_2 = -19, \quad a_3 = 6。$$

（2） $F = 18v - 19v^2 + 6v^3$，当 $v = 400$ m/s 时，$F = 380\ 967\ 200$ N。

6. 设化学反应式中 7 种物质的系数分别为 x_1，x_2，$\cdots$，x_7，列出线性方程组

$$\begin{cases} x_1 + x_2 - x_6 = 0, \\ x_1 + x_2 - 2x_4 - x_7 = 0, \\ x_1 - x_4 = 0, \\ x_1 - 2x_5 = 0, \\ x_2 - 2x_7 = 0, \\ 2x_3 - x_6 = 0。 \end{cases}$$

方程组的解为 $\boldsymbol{X} = k \left(1, 2, \dfrac{3}{2}, 1, \dfrac{1}{2}, 3, 1 \right)^{\mathrm{T}}$，取 $k = 2$，配平后的化学方程式为：

$$2KOCN + 4KOH + 3Cl_2 = 2CO_2 + N_2 + 6KCl + 2H_2O$$

7. 略。

8. （1） 两次转机的航路矩阵为：

$$\boldsymbol{A}^3 = \begin{pmatrix} 1 & 3 & 1 & 2 \\ 2 & 2 & 1 & 2 \\ 1 & 1 & 1 & 1 \\ 3 & 0 & 1 & 2 \end{pmatrix}$$

因为在 A^3 中，（1，2）–元和（4，1）–元最大，所以经过两次转机，从北京出发到上海和从广州出发到北京的方法最多，都是 3 种。

（2）最多转机一次表示可以乘坐一次或两次航班，于是航路矩阵为

$$A + A^2 = \begin{pmatrix} 2 & 1 & 1 & 2 \\ 2 & 1 & 1 & 2 \\ 1 & 1 & 0 & 1 \\ 1 & 1 & 1 & 1 \end{pmatrix}$$

因为该矩阵的（3，3）–元为零，所以经过最多一次转机从天津出发不能到达天津。

9. 向量组的秩为 3，$\boldsymbol{\alpha}_1$，$\boldsymbol{\alpha}_2$，$\boldsymbol{\alpha}_4$ 是向量组的一个极大无关组，$\boldsymbol{\alpha}_3 = 3\boldsymbol{\alpha}_1 + \boldsymbol{\alpha}_2$。

10. （1）$\begin{pmatrix} 15 & -7 & 14 & 14 \\ -2 & 1 & -2 & -2 \\ -6 & 0 & -7 & -4 \\ 2 & -2 & 1 & 3 \end{pmatrix}$；

（2）$\boldsymbol{\xi}$ 关于基 $\boldsymbol{\beta}_1$，$\boldsymbol{\beta}_2$，$\boldsymbol{\beta}_3$，$\boldsymbol{\beta}_4$ 的坐标为 $\begin{pmatrix} -1 \\ -2/5 \\ 3/5 \\ 1/5 \end{pmatrix}$；

（3）$\boldsymbol{\eta}$ 关于基 $\boldsymbol{\alpha}_1$，$\boldsymbol{\alpha}_2$，$\boldsymbol{\alpha}_3$，$\boldsymbol{\alpha}_4$ 的坐标为 $\begin{pmatrix} -14 \\ 2 \\ 3 \\ -2 \end{pmatrix}$。

11. 略。

12. 设 3 个总收入分别是 x_1，x_2，x_3，则

$$\begin{cases} 0.2x_2 + 0.3x_3 + 500 = x_1, \\ 0.1x_1 + 0.4x_3 + 700 = x_2, \\ 0.3x_1 + 0.4x_2 + 600 = x_3. \end{cases}$$

由克拉默法则解得方程组的解为

$$x_1 = \frac{D_1}{D} \approx 1\,256.48, \quad x_2 = \frac{D_2}{D} \approx 1\,448.13, \quad x_3 = \frac{D_3}{D} \approx 1\,556.20。$$

13. （1）特征值为 $\lambda_1 = \lambda_2 = 2$，$\lambda_3 = 1$，可以相似对角化；

（2）特征值为 $\lambda_1 = \lambda_2 = \lambda_3 = 2$，$\lambda_4 = -2$，可以相似对角化。

14. （1）令 $\boldsymbol{P} = (\boldsymbol{\xi}_1, \boldsymbol{\xi}_2) = \begin{pmatrix} -\frac{\sqrt{2}}{2} & \frac{\sqrt{2}}{2} \\ \frac{\sqrt{2}}{2} & \frac{\sqrt{2}}{2} \end{pmatrix}$，$\boldsymbol{Y} = \begin{pmatrix} y_1 \\ y_2 \end{pmatrix}$，作正交替换 $\boldsymbol{X} = \boldsymbol{PY}$，二次型化为标

准形 $f = 2y_1^2 + 4y_2^2$；

（2）因为 $f = 2y_1^2 + 4y_2^2$ 的最大值为 4，且在 $y_1 = 0$，$y_2 = 1$ 处达到最大值，所以 $f(\boldsymbol{X})$

在 $X = P \begin{pmatrix} 0 \\ 1 \end{pmatrix} = \begin{pmatrix} \dfrac{\sqrt{2}}{2} \\ \dfrac{\sqrt{2}}{2} \end{pmatrix}$ 处达到最大值 4。

习题 4

1. 略。

2. 略。

3. f 最大值为 709.06 左右，最小值为 -788.91 左右；g 最大值为 1 725.5 左右，最小值为 -1 736.4 左右。

4. 分别接近于 $-3.322\ 9$ 和 649 540。

5. 略。

6. 略。

7. 略。

8. μ 和 σ^2 的矩估计分别是 2.537 5 和 2.292 3。

9. 参数 θ 的矩估计为 $\dfrac{5}{6}$。

10. 参数 θ，μ 的矩估计分别为 $\theta = \dfrac{\sqrt{\dfrac{1}{n} \sum\limits_{i=1}^{n} X_i^2 - \dfrac{\overline{X}^2}{2}}}{2}$ 与 $\mu = \dfrac{\overline{X} - \sqrt{\dfrac{1}{n} \sum\limits_{i=1}^{n} X_i^2 - \dfrac{\overline{X}^2}{2}}}{4}$。

11. $2\overline{x}$。

12. μ，σ^2 极大似然估计是 2.937 5 与 1.241 9。

13. 零件长度的均值和标准差的点估计和置信水平为 0.95 的区间估计分别为 173.542 9，5.358 1，$[4.468\ 2,\ 6.693\ 8]$。

14. 随机结果，略。

15. $[21.070\ 4,\ 22.215\ 3]$。

16. 是，$[-0.146\ 5,\ 0.246\ 5]$。

17. 不服从。

18. 拒绝原假设。

习题 5

1. (1) $\boldsymbol{x}^* = (4,\ 1,\ 9)^{\mathrm{T}}$；(2) $\boldsymbol{x}^* = (2,\ 2,\ 2)^{\mathrm{T}}$；(3) $\boldsymbol{x}^* = (6,\ 2,\ 0)^{\mathrm{T}}$。

2. (1) $\boldsymbol{x}^* = (1,\ -1)^{\mathrm{T}}$；(2) $\boldsymbol{x}^* = (0,\ 0)^{\mathrm{T}}$；(3) $\boldsymbol{x}^* = (1,\ 1)^{\mathrm{T}}$。

3. (1) $\boldsymbol{x}^* = (1,\ 0)^{\mathrm{T}}$；(2) $\boldsymbol{x}^* = \left(\dfrac{1}{2},\ \dfrac{1}{2}\right)^{\mathrm{T}}$；(3) $\boldsymbol{x}^* = (0,\ 1)^{\mathrm{T}}$。

4. (1) $\boldsymbol{x}^* = (1,\ 0)^{\mathrm{T}}$；(2) $\boldsymbol{x}^* = (5,\ 4)^{\mathrm{T}}$ 或 $\boldsymbol{x}^* = (7,\ 3)^{\mathrm{T}}$。